丛书译者团队

翻译统筹:何 异

译 者:何 异 李 仑 孙长玉 黄 杰 何 蓓
       谭 露 林立宁 王琳丽 高 旭

"60分妈妈"系列

婴儿与母亲

[英] 唐纳德·温尼科特 —— 著

何蓓 高旭 —— 译

Babies and
Their Mothers

图书在版编目（CIP）数据

婴儿与母亲 /（英）唐纳德·温尼科特著；何蓓，高旭译. — 北京：世界图书出版有限公司北京分公司，2023.11
（唐纳德·温尼科特儿童心理）
ISBN 978-7-5192-9882-1

Ⅰ.①婴… Ⅱ.①唐… ②何… ③高… Ⅲ.①婴儿心理学—研究 Ⅳ.①B844.11

中国版本图书馆CIP数据核字（2022）第159857号

书　　名	婴儿与母亲
	YINGER YU MUQIN
著　　者	[英]唐纳德·温尼科特
译　　者	何　蓓　高　旭
责任编辑	余守斌　杜　楷
装帧设计	左　左
出版发行	世界图书出版有限公司北京分公司
地　　址	北京市东城区朝内大街137号
邮　　编	100010
电　　话	010-64038355（发行）　64037380（客服）　64033507（总编室）
网　　址	http://www.wpcbj.com.cn
邮　　箱	wpcbjst@vip.163.com
销　　售	新华书店
印　　刷	天津光之彩印刷有限公司
开　　本	880mm×1230mm　1/32
印　　张	5
字　　数	115千字
版　　次	2023年11月第1版
印　　次	2023年11月第1次印刷
国际书号	ISBN 978-7-5192-9882-1
定　　价	39.80元

版权所有　翻印必究
（如发现印装质量问题，请与本公司联系调换）

英文版编者按

唐纳德·温尼科特于1971年去世后的几年里，我们决定把他从未发表过的以及只在期刊和选集上发表的文章集结起来，以他自己的名义出版。

本书所选的文章聚焦于婴儿出生及出生后很短一段时间里的心理过程。在这一阶段，"在婴儿的意识萌芽中，自己和母亲尚未分离"。同时，作者也探讨了母亲及婴儿照料者在这一过程中所受的影响。

我们特别希望这个领域的专业人士能够读到这本书并于书中获得滋养，也希望新时代的读者能够借助温尼科特的力量洞见生命之初那瞬间的永恒。

雷·谢泼德（Ray Shepherd）
马德琳·戴维斯（Madeleine Davis）
1986年于伦敦

序言

时至今日，我依旧清楚地记得，20世纪30年代的我在纽约开始儿科实习时，因为找到温尼科特医生的第一本书《儿童障碍》而激动不已。温尼科特是一名儿科医生，也是一位来自伦敦的精神分析师，对母婴关系有着深刻独到的见解。而这本书中满是他的智慧之言，令我受益良多。

当时，在儿科住院实习的我正为前路迷茫，沮丧中，我不知道从哪儿冒出一个想法——肯定不是从我的老师或同事那里得到的——那就是：我应该接受某种心理训练，以便在儿科工作中能让母亲们更满意，同时也让我对自己的诊断更有信心（现在想来，我当时的状态过于认真和严肃了）。

也许这个想法还源于我的另一个信念：对于抚养孩子，一定有一种比我母亲专横的教养方式更好的方法。尽管我母亲很爱孩子，把自己的一生都献给了她的六个孩子，但她始终以一种严厉的维多利亚式道德压迫着我们所有人，让我们成年后都活在内疚感里，直到自己慢慢成长，才意识到自己其实无罪。

我曾给三位儿科教授写信，向他们介绍儿科医生的心理培训，但他们都回答说，没有这样的必要。但我不愿放弃自己的想法。按照当时的医学传统，我申请了纽约医院康奈尔医学院（称它为一所大学的儿童发展系可能更合适）精神病住院医师资格。在那里，我花了一年时间，主要照顾精神分裂症和躁郁症的成年人。我最大的感受是：让我们的案例讨论变得有趣的，是那些受过精神分析训练的人。

因此，在我开始儿科实习时，我决定接受这个培训：包括个人分析，五年的晚间研讨会，在督导下对病人进行分析（如果我能成功地把我的病人变成一个快乐的人，我可能会像温尼科特一样，转向精神分析实践。然而，虽然我从精神分析里学到了很多，但并没有帮到我的病人）。

精神分析培训为我提供了一个合理的理论框架，但没有为焦虑的母亲提供切实可行的建议，孩子吮吸拇指、对断奶和如厕训练的抵抗，或者喂养和睡眠问题，都让这些母亲担心，我也感到不安和困扰。我只能一次又一次地仔细倾听着母亲们的焦虑，然后给出我能想到的最好的建议。

经过五年的实践后，一家出版社邀请我为父母写一本书。我毫不犹豫地说我知道的还不够。口袋书出版公司（Pocket Books）一位嬉皮笑脸的编辑跟我说，他们想要的书不一定要很好，因为每本只卖25美分，但能卖出数万本。这吸引了我，因为我既是一个乐于助人的人，也是一个害怕宣称自己有太多专业知识的人。于是我开始工作。这些出版社来找我的原因并不是因为我很出名——除了一小部分有心理学头脑的母亲之外，我完全不为人知。出版社找到我，是因为他们的调查显示，我是少有的受过精神病学和精神分析训练的儿科医生。

虽然温尼科特的书和文章更关心的是教养原则，而不是回答母亲们的提问，但我对他的书和文章有极大的兴趣和信赖。他的精神分析训练，以及他对成人、儿童和边缘性精神病患者的分析工作，让他对母子关系的微妙之处和每个人正在经历的阶段有着新颖、深刻的见解。由于这些特殊的专业背景，他成为英国精神分析运动的主要理论家之一，他的大多数出版物都聚焦在这个主题上，而在我看来，他填补了儿科医学和儿童发展动力学之间的空白。于是有了这本书。

这本书由温尼科特的演讲组成，不仅仅是写给心理分析师，也是写给儿科医生、全科医生、护士、助产士、幼儿园老师和家长们，不仅在英国有影响，而且在国际会议上也有影响。

举几个例子说明温尼科特的关注点：

本书在"平凡而尽职的母亲"一章中，他表达了一种坚定信念（在其他演讲中也有提及），即：母亲对婴儿的感受和需求有准确的直觉和普遍的识别能力。这种直觉和能力可以帮助婴儿建立信任，并促成孩子日益复杂的成长与发展。

母亲拥有这种直觉，主要是因为拥有获得婴儿认同的非凡能力。婴儿通过认同母亲而发展自我。

一开始，婴儿会认为自己和母亲是同一个人；渐渐地，婴儿才逐渐意识到自己与母亲的分离，并随之发展出自己的自主性。母亲和婴儿之间的早期关系不应该受到任何人的干扰，包括医生和护士。没有受过心理动力学训练的家庭婴儿护工可能会破坏母亲的自信，进而破坏婴儿的完整性。

在针对母亲的广播电台节目中，温尼科特总是坚定地站在母亲一边，他反复强调"知道"和"学习"之间的巨大差异：一个母亲凭直觉就可以知道如何抱持和照顾婴儿，以便婴儿感到舒适和安全。另一个例子就是：如果一个大孩子受伤了，母亲就知道，不用怀疑或询问，十分钟内孩子必然变得像婴儿一样趴在母亲的腿上悲惨地哭泣，然后再慢慢恢复到他的正常年龄。

在母婴关系上，温尼科特坚定地对母亲说：不要让专业人士在给你提供学习信息时，夺走你对本能知识的信心。至于从医生那里了解什么样的维生素是必需的及其用量，则是完全不同的事情。

在"母乳喂养中的交流"一章中，温尼科特首先将自己与那些倡导母乳喂养的人分开（我也有同感）。他认为医生和护士最恰当的做法是创造一种氛围，让母亲可以相信自己，然后依靠自己的直觉反应。当然，他也赞同那些关于婴儿在母乳喂养中对味道、气味和其他感官的体验以及母亲成就感的说法。然后，他谈到母乳喂养中的两种情况：大一点的婴儿偶尔会有咬乳头的冲动，婴儿会自己学习抑制这种冲动；母亲也可以帮助婴儿抑制这种冲动，但不是报复婴儿，只是在保护自己；婴儿通过释放攻击性学会了爱的新维度，他知道了像乳房这样有价值的东西可以经受住自己的敌意冲动。这些都是从成人和儿童的精神分析中获得的洞察，向我们展示了情绪发展的复杂性。

在"精神分析对助产术的贡献"一章中，温尼科特呼吁关注女性生理功能在月经和生育期间出现的障碍，这些障碍有一部分是由于情绪因素造成的，庆幸的是，现在的助产士们越来越能意识到这些障碍与情绪有关。温尼科特指出，临产妇女不能将自己的控制权完全交给专业人士，除非她在围生期就已经了解并信任她们。

分娩中和分娩后的病人之所以会对助产士、护士或婴儿护士过于强势的态度非常敏感，通常是病人挑剔的母亲留下的后遗症。考虑到这一点，温尼科特恳求专业人士不要试图插手母乳喂养，而是把它留给母亲自己的直觉。

在一次名为"婴–母交流vs母–婴交流"的讲座中，温尼科特从新生婴儿的绝对依赖性开始，谈到与其相匹配的新妈妈对婴儿的非凡的、完全的投注。这种投注是如此强烈，有时会让母亲都感到害怕，以为自己变成了植物人，幸好它只持续了几个星期，但这个时间已足够使母亲在感觉上对她的孩子做出深刻而至为重要的认同。当然，母亲也有条件做好准备，因为她也曾是个婴儿，扮演过母婴关系里的婴儿角色，也在生病期间曾退行到婴儿期。

而对于婴儿来说，这个世界是全新的，他听不懂单词，没有时间概念。他已经准备好成为人类，但必须依靠一位普通的、尽职的母亲来帮助他实现这一目标。母亲通过声音的变化（单词无关紧要），通过握手、照料和晃动身体来交流；甚至通过呼吸和心跳来交流，来满足宝宝每天不断变化的需求。

所有这些加在一起，就是信赖和爱。

但正如温尼科特所言，即使是最优秀的人也经常有失败的时候，即使最用心的母亲也有无法满足婴儿需求的时候。但从某种意义上说，婴儿就是通过偶尔的失误来认识到可靠性的存在。与此同时，母亲们不断地及时弥补她们的失误，这对母亲和婴儿来说，意味着适应和成功（当然，也存在一些未能改正的失误造成严重的剥夺，给婴儿带来成长的缺失与发展的扭曲）。母亲和婴儿也会在玩耍的基础上进行交流互动，最有效的方式是通过表情，通过母亲与婴儿的直接接触——改变抱持姿势、乳房、奶瓶——婴儿从中获得控制感、全能感和创造力。

在新生儿与母亲的交流中，温尼科特特别指出婴儿所拥有的巨大力量：柔弱与可爱，这让父母无力抵抗。

最后，我想挑出温尼科特语言中令人惊讶的反差，这是我阅读温尼科特作品的乐趣之一。比如，他的上一句话还是态度严谨、逻辑缜密的,下一句却突然让位于粗俗的民间用语:"婴儿所拥有的远不止血和骨头而已。""她想把乳房塞进宝宝的嘴里,或者把宝宝的嘴推向乳房。""然后有一天,她们(母亲)发现自己成为一个女房东,她的身体里住进了一个新房客:'该死的,你这个小混蛋!'"。

本杰明·斯波克博士(Benjamin Spock, M. D.)

目 录

1 平凡而尽职的母亲

如何理解母亲的"尽职" / 5

母亲需要外部支持 / 8

母亲的专注状态至为关键 / 10

平凡而尽职的母亲,是每个婴儿的幸运 / 13

婴儿的绝对依赖 / 15

母亲是婴儿存在的前提 / 17

2 知与学

母性直觉比知识更宝贵 / 24

如何抱你的孩子 / 26

母亲是照顾自己孩子的专家 / 29

3 母乳喂养中的交流

母亲的价值 / 37

母乳喂养不应该被强迫 / 39

母乳喂养的特别之处 / 42

如何处理婴儿的攻击 / 44

4 新生儿和他的母亲

对婴儿的照顾,其原型是抱持 / 51

小婴儿的心理 / 55

莫罗反射 / 58

一个精神分裂女孩的出生之梦 / 63

5 人之初

人在何时开始成为人 / 69

6 婴儿期的环境健康

抱持和应对 / 82

客体关联 / 84

排便训练与婴幼儿心理 / 87

7 精神分析对助产术的贡献

助产术中的精神分析 / 94

尊重自然规律 / 96

对婴儿的完整认知 / 97

健康的母亲 / 98

母亲、医生和护士的关系 / 99

不健康的母亲 / 101

对母亲和孩子的护理 / 103

7 精神分析对助产术的贡献

产后的敏感状态 / 105

母亲的两种相反属性 / 107

8 儿童照料中的依赖

婴儿的最早期依赖 / 112

母亲状态存在不确定性 / 113

婴儿的需求具有无限可能 / 114

婴儿的依赖被充分满足后 / 116

9 "婴－母交流" vs "母－婴交流"

生命一存在，交流就开始 / 122

前语言期的信息交流 / 125

母亲的双重功能 / 127

婴儿的"可靠性经验" / 130

母婴交流的具体方式 / 133

创造性沟通与顺从性沟通 / 136

每章原始资料 / 138

温尼科特的著作 / 142

1

平凡而尽职的母亲

第 1 章　平凡而尽职的母亲

怎样把一个老生常谈的话题谈出新意呢？我的名字都已经和这个题目捆绑在一起了。关于这点，或许我要先解释下。

1949年夏天，我和英国广播公司制片人艾莎·本齐（Isa Benzie）小姐（现已退休，但我一直记得她的名字）散着步去喝点东西，她跟我说，我可以就自己愿意讲的任何主题做一个九集的系列演讲。她当时有一个觉得适合我的主题，但我却没啥头绪。我跟她说，对于告诉别人怎么做，我没兴趣。因为我知识没有那么渊博。但我愿意和妈妈们讨论一件她们本身已经做得很好的事情。每个妈妈都做得很好，因为她们全身心地投入到当下的任务中，照顾一个婴儿或者一对双胞胎。这是每天都发生的事情，除非某个小婴儿一开始就没有专门的照料者。

艾莎·本齐小姐听着这番言论，向前走了约20米，忽然理顺了思路，开心地说：非常好！平凡而尽职的母亲。这就是这个标题的来源。

可以想象我偶尔会因为这个标题而遭到嘲笑，有些人认定我总是为妈妈们感伤；撇开爸爸，把妈妈们的形象理想化；看不到生活中存在一些很糟糕的妈妈。但这个标题的含义让我问心无愧，所以我可以忍受这些非议。

另一种批评针对我曾表达过的一个观点：妈妈们没能做到"足够好"，是孩子罹患自闭症的一个因素。这个观点被认为是对妈妈们的无端指责，因为没有顾及妈妈们没能做到"足够好"的各种客观原因。但是，如果妈妈们基本的"尽职"真的很重要，那么它的缺失或相对不足，就会产生不利后果，这难道不是理所当然的吗？

后面讨论责备（blame）一词的含义时，我将再回到这个主题。

如何理解母亲的"尽职"

虽然显而易见,但我还是不可避免地要说这些老生常谈:当我说"尽职"(devoted)时,我的意思就是"尽职",并非意味着"奉献"这种陈词滥调。

打个比方,比如你的工作是在每周周末为教堂准备祭坛上的花束。如果你接受了它,你就不会忘记。到了周五,你会自己将花束安排好,假如你得了流感不能去教堂,你就会到处打电话,请牛奶工帮你送信,让其他人帮忙来完成。即使你不喜欢其他人来摆弄这些花,那也比周日会众聚集在教堂时祭坛上面光秃秃的,或者一个脏花瓶里插着枯萎的花朵强。那样的情景会使圣殿黯然失色,你肯定不希望它发生。

然而与此同时,我并不觉得你需要从周一到周四都为这束花担心或焦虑。这件事始终存在你的脑海里,到了周末它就会苏醒并且召唤你。

同样的道理,女士们也不用总是战战兢兢、紧张兮兮地每时每刻都想着自己应该照顾一个小婴儿。她们可以打高尔夫,可以有很值得自己投入的工作,可以很自然地做男士做的各种事情,比如忘乎所以地高谈阔论,或者理所当然地去疯狂赛车。她们不需要从周一至周五总是像惦记祭坛上的鲜花一样惦记着婴儿。

然后有一天,她发现自己成为一位妈妈,一个为小宝宝提供食宿的女主人,就像由罗伯特·莫利(Robert Morley)在《去赴宴的男人》中所扮演的角色那样,需要不断训练自己以满足房客的各种需求,直到在未来的某一天重新回归平静和安宁。

在这漫长的"周五—周六—周日"循环往复的日子里,她们以血肉相连的方式,陪伴一个将要成为婴儿的小东西逐渐长大,那个小东西咬着自己的小手,逐渐变得独立自主,这些女士们才能更加直接地表达自我。

一般经过了九个月的孕期,准妈妈们会逐步从完全的自我感受(自私)转变为与孩子共同感受(无私)。同样的情况也可以在父亲身上观察到,或者在一个正在考虑养育小婴儿的人,或者已经养育了一个婴儿的人身上看到。如果小生命已经来临,你才发现自己并不确定要不要抚养一个孩子,那可真是不幸。

我想强调一下这个准备过程的重要性。

当我还是个医学生时,我有个朋友是诗人。他和我们几个人一起在肯辛顿北部的贫民区租到了一处很好的房子,还发生了一个好玩的租房故事。

我的这位诗人朋友很高,有点懒,喜欢抽烟。有一天,他经过一排民居,突然看到一栋很不错的房子。他怦然心动,跑过去就按响了门铃。一位面目和善的妇人过来开了门,问他有何贵干。我的诗人朋友觉得妇人很合自己的眼缘,就说:"我想在这里住宿。"

妇人说:"我这里刚好有个空房间,你什么时候过来?"

诗人朋友说:"我现在就入住。"于是就跟着女主人一起进了门。

主人带他参观了房间。诗人朋友说:"我有点不舒服,需要立刻上床休息。我可以喝杯茶吗?"就这样,他直接上床躺了下来,在这里待了六个月。之后我们也在这里住过一段时间,但这位诗人始终是房东太太的宠儿。

然而按照自然法则,婴儿没法主动选择自己喜欢的母亲。

母亲需要外部支持

小婴儿一旦出生,妈妈们就需要时间去重新适应自己的新生活,感觉一切都要重新定位。因为在最初几个月,妈妈们会因为专注于婴儿而对外部世界有点迷糊:似乎感觉东方不在东边,而是在中间——又或者是中间稍微偏旁边点。

我想大家会同意我这个观点,那就是女性怀孕后,身体和心理感觉都会和婴儿合为一体,妈妈是婴儿,婴儿也是妈妈。一般情况下,女性在孩子出生数周或者数月之后才逐步恢复个人的感觉。这不是什么神秘的理论,毕竟,每一位妈妈都曾经是婴儿,她留存有婴儿时代的记忆,被照顾的记忆,这些记忆无可避免地会对她产生影响:在她成为母亲的历程中提供帮助或带来阻碍。

如果一位女性被爱人照顾得很好,或是国家为婚育女性提供的福利待遇很好,或是两者都条件优越,我认为这就是生孩子的适宜时机,因为这样的母亲能很好地感知婴儿的需要。你知道,我不是指简单地识别"孩子是否饿了"这些类似的事情,我指的是养育过程中数不清的琐碎的事。这种状态,也许我的诗人朋友才能用文字呈现。我更愿意用一个词来表达,就是"敢"(bold)。我认为这个词可以表达出一位妈妈在那段时间是什么样、做什么事情的所有状态,即:这样的母亲不用考虑或担心自己的需求,而能自然而然地全身心关注和感受孩子,有底气承接孩子的一切。

母亲的专注状态至为关键

我认为这是一个关键的阶段，但是我很少这样说，因为提醒一位妈妈去意识到她所处的当下以及她所做的一切的重要性，这有点过于刻意，让人难为情。我说的这些，是书本上学不到的：一位母亲不需要任何人的帮助（包括儿科医生的指点），她就能感知婴儿是需要被抱起还是被放下，是需要单独待着还是需要翻个身。她所知道的最关键的东西恰恰是所有体验中最简单的部分，这些体验都基于言语或形体动作之外的信息传递。

就在那一刻，两个独立的个体可以感受着彼此同样的感受。这些体验带给了婴儿"存在"（be）的机会，以此为基础，婴儿就可以进入下一个阶段——以主动或被动的行动，慢慢地成为"自我体验的存在（个体）"（self-experience being）。

以上说的这一切事情都非常琐碎微小，但在不断的、多次的重复后，就构成了婴儿感知真实能力的基础。婴儿有了这项能力后，就能够发挥自己与生俱来的生命力量，不断成长。

当相关条件都具备时，婴儿可以发展出自己拥有感觉的能力，这些感觉在某种程度上和母亲的感受是一致的。婴儿也认同自己母亲的感觉，毕竟母亲是全身心投入到对自己的照料中。婴儿到三四个月大时就可以识别出母亲的形象，这个形象就是母亲专注于某个自身之外的事物的状态。

需要记住的是，在生命的早期出现的事项，需要长时间的坚持与重复，才能在孩子的心理过程中固着并形成确定的机制。就像我们所预料的，孩子可能真的遗忘了一些早期所遇到的事物。所有的复杂都源于极度的简单。人的身心成长，心理和人格的复杂性，都按照简单到复杂的顺序逐步发展。

随着时间的推移，婴儿开始需要母亲满足不了他——这没法从书本中学到，它是一个渐进的过程。当孩子的心理功能发展到能够应对挫折和外界打击时，继续让他们体验"无所不能"是令人厌烦的，这不符合生命的发展规律。

当孩子具有一定的抗挫折能力时，他可以从适度的愤怒中获得内心的满足，注意，这里说的适度，是没有达到绝望的程度。父母们都会明白我的意思。即使你让你的孩子遭受最可怕的挫折，但你从来没有让他（或她）绝望过——也就是说，你对孩子"自我存在"的支持是可靠的。婴儿不会在醒来或哭泣时发现自己被遗忘或忽略；在后来的语言中，作为父母也知道尽量不用谎言来吓唬自己的孩子。

但是，当然，这一切不仅意味着母亲能够全身心投入到照顾婴儿的工作中，而且还意味着这位母亲是幸运的：她没有遇到意料之外的麻烦。杜绝意外的麻烦出现，这一点即使在富有远见、计划完备的家庭中也不一定能做到，我就不一一举例了，只大致说明以下三种类型的麻烦。

第一种纯粹是意外——母亲生病或死亡，她不得不以她最不愿意的方式让孩子失望。

第二种麻烦是母亲在还没准备好的情况下又怀孕了。在某种程度上，她需要为造成这种复杂情况而负责，但如何负责，这可绝非易事。

第三种情况是母亲患上了抑郁症，她会觉得自己剥夺了孩子健康成长的机会，并因此常常情绪波动而反应激烈——特别是当她感觉自己受到攻击时。这些都容易造成麻烦，但没人会因此责备她。

有些孩子在他们能够承受打击之前，就已经因为各种各样的原因失望过，或者在人格上被伤害过了，上述这些都是可能的原因。

平凡而尽职的母亲,是每个婴儿的幸运

在这里,我必须重申"责备"(blame)一词的含义。儿童的内在成长,或者说,个体成长的路径是非常复杂的,我们需要从这个角度来重新审视人类的成长和发展。

我们必须做到:平凡而尽职的母亲如果在育儿方面失败了,她不应该被指责,也无须责怪任何人。对于我来说,我对追责毫无兴趣。母亲和父亲的负疚自责,那是另一回事。事实上,他们几乎会因为孩子的任何事情而责备自己,例如生了一个唐氏综合征的孩子,虽然父母对此并没有责任。

但我们也必须去审视病因,并且能够坦然承认:我们遇到的一些儿童发育不够健全的病例,的确是源于"平凡而尽职的母亲"在某个时间点或某个阶段的养育失败。这与道德感或责任归属无关,这是另一个主题。

我们也可以来讨论一下母亲的价值。

我认为我们必须(就母亲职能)对病因学的影响度作一个呈现(没有责备的意思),这是因为我们无法以其他方式认识到平凡而尽职的母亲的积极价值——对于每个婴儿来说,这是至关重要的。生命早期是最脆弱稚嫩和绝对依赖的人格成长阶段,这个阶段必须有人来照料和促进婴儿个体的心理成长和身体成长。

换句话说，我不相信罗穆卢斯（Romulus）和雷穆斯（Remus）（战神的两个儿子，传说中的罗马创始人）的故事，我不相信他们是两个被狼抚育成"人"的孩子，就像我不信狼外婆的故事一样。如果我们相信这些神话是真实存在的话，那么一定是有人找到并照顾着罗马的创始人，而不是狼抚育了这两个孩子。

这里，我不再就这个话题说下去了。作为人类，我不认为我们对曾经养育照料我们的女性亏欠任何东西。但我们也应该理智地看到一个事实：在生命的最初阶段，我们（在心理上）是绝对依赖的，这里的"绝对"就是百分之百的"绝对"。我们很幸运，因为遇到了平凡而尽职的母亲。

婴儿的绝对依赖

为什么说母亲在照顾婴儿时应该契合孩子的需求,这一点我们可以继续说说。

大一点的孩子,他们的需求更明显也更复杂。孩子从单纯的母婴关系(二元)发展到三角关系(孩子、父亲和母亲)时,他们需要一个稳定的环境来成长,来安全地解决他心底的爱恨冲突以及成长要经历的两个主要趋势:是认同同性父母的性别取向,还是认同异性父母的性别取向。这会为后期客体关系[①]的异性恋和同性恋的选择打下基础。

你肯定希望我说清楚对于新生儿来说,他们究竟需要什么。在这个阶段,婴儿需要一个全身心投入的母亲,母亲要非常清楚,在这个时期,婴儿对她的依赖是绝对的。之前我已经写了很多关于这个主题的文章,我来总结一下:

在婴儿生命中最重要的早期阶段,婴儿开始体验自己作为"婴儿"的身份,然后慢慢走向成熟。当他所处的成长环境质量足够好,

---

① 客体关系(object relation)是精神分析的一个术语,也可以泛指20世纪中期在英国发展开来的几个精神分析学派。

作为术语的客体关系从字面上的理解是:客体(object)指区别于主体(subject)的其他(事物、人等)。关系指的是主体与客体之间的互动模式。

作为理论流派的客体关系主要研究母婴关系,认为一个人婴幼儿时的经历、与母亲的关系,造就了这个人对待世界的基础。

既人性化（符合人的成长规律）又个体化（允许个性的自由呈现）时，婴儿会发展得很好，在这个阶段的成长会取得很好的成就。我们可以给这些东西命名一下，就用"整合"（integration）来概括吧。这是指婴儿的所有行为和感觉，点点滴滴，时不时就会合为一体，因此在某些整合的时刻，婴儿是一个完整的个体，尽管他还是高度依赖的。

我们说母亲的自我支持促进了婴儿的自我整合。最终，婴儿能够相信自己的感受，坚持自己的意愿，甚至能够体验到认同感。一切进展顺利时，整个事情看起来很简单，很自然而然地发生，而这一切的基础就是婴儿和母亲在早期关系中的合二为一。

这没有什么神秘之处。母亲对婴儿有一种高度成熟的认同感，虽然她仍然是成年人，但她打心底认同婴儿。当然，另一方面，婴儿也会在与母亲接触的某个安静时刻与母亲产生认同，这与其说是婴儿的成就，不如说是母亲在关系中的支持促成了这个成就。

母亲是婴儿存在的前提

从婴儿的角度来看,世界就是"我"自己,因此母亲也是婴儿的一部分。换一种说法,人们称之为"初级认同"。万物皆有开始,它给诸如"存在"(being)之类的简单词汇赋予了极为深刻的意义。

我们可以用法语化的词"existing"来谈论"存在",在哲学领域被称为存在主义。但不知何故,我们喜欢从"存在"(being)这个词开始,然后再是"我在"(I am)。关键是,如果在最初阶段,"我"和另一个尚未分化的人在一起,"我"就不存在。出于这个原因,谈论"存在"(being)比谈论属于下一个阶段的"我在"(I am)更真实些。

虽说不能过分强调存在是一切的开端,但没有它,"做"(doing)和"被做"(being done to)就没有意义。日常生活中,我们可能会引诱婴儿进食或诱导他做出一些举动来产生躯体运动,但婴儿不会将这些事情视为一种自身体验,除非它建立在大量"自然的存在"(simple being)的基础上,这些"自然的存在"才足以形成一个人的"自体"①。

---

① 精神分析语境里的自体,指个体生命在生活中形成的总体人格。

自体心理学创始人科胡特定义自体是"体验性、整体性的自我,它不只是自体表象,而是存在之本质,一切功能的核心"。

精神分析理论认为,孩子出生时,并未完全形成自体,在母亲这个外在客体的抚育中,自体才逐渐发展成形。足够好的母亲,好的抱持环境,才能促进婴儿的真实自体的发展。

与婴儿期顺利的身心成长相反，婴儿期整合的反面是整合失败或整合状态的解离。这是婴儿期最基本、最难以想象的焦虑之一，是婴儿无法忍受的。幸好，在实际生活中，只要婴儿得到了成年人的正常照料，大致就可以免于这种焦虑。我举一两个例子来简单说明一下婴儿基本的成长过程。

不能想当然地认为：婴儿的心理与躯体（身体）及其功能一起，自然而然就会形成令人满意的状态。心身的存在是一种成就，虽然它的基础是生命传承下的成长趋势，但如果没有一个好的抱持（holding）者，一个合格的婴儿照料者的积极参与，它就不可能成为事实。如果这个方面没有发展好，那么在成长的后期，个体在身体健康方面的所有问题都将和它有关，这些身心健康问题实际上都源于人格结构的不稳定性。

说到这里，你会看到：这些非常早期的成长过程的问题立刻把我们带到了症状学领域，和精神病院发现的症状息息相关。所以精神疾病的预防都应该从婴儿护理开始，而这个责任自然也就落到一位位拥有并愿意照顾婴儿的母亲身上。

我提到的另一件事与客体关系的起源有关。我们已经讨论到复杂的心理学领域了。你最终会认识到，当婴儿和母亲之间的关系和谐顺畅、令人满意时，客体就开始出现。婴儿可以象征性地使用它们，不论是被吸吮的拇指，或是其他任何可以被抓住的东西，比如洋娃娃或玩具。以上这些，可以作为评估客体关系能力发展的标准。

虽然一开始我们谈论的是看起来非常简单的事情，但这也是至关重要的事情——涉及为每个人的心理健康奠定基础的事情。虽然在后续的抚养过程中，父母们还有很多事情要做，但是对于婴儿成长来说,好的开端是成功的一半。

有时,母亲们会因为意识到自己所做的事情如此重要而感到震惊,这种情况下最好的方式就是不要告诉她们。这会让她们变得有压力,反而做不好。而且这些东西很难通过学习来习得,焦虑和担心也代替不了这种本能、简单的爱。

有人可能会问:那你为什么还要不厌其烦地指出这一切呢?因为我确实想强调,必须有人来说明这点,否则我们会忘记早期母婴关系的重要性,并且在现实生活中太容易被干涉。这是我们绝对不能做的事情。

当一个母亲恰到好处地、自然而然地拥有成为母亲的能力时,我们绝对不能干涉。否则,她将无法维护自己的权力,因为她不懂。她只知道自己受了伤,这个伤口不是骨折,也不在手臂上,但它会给婴儿带来人格上的损伤。我们不应该去干涉一件我们以为如此简单、似乎并不重要的事情,否则,这位母亲就不得不耗费一年又一年的时间,来修补这个实际上是由我们造成的伤害。

(1966年)

2

知与学

第 2 章 知与学

一名年轻的母亲有太多的东西需要学习。她需要从专家那里获取有用的信息,例如怎样给孩子添加固体辅食,关于维生素,关于体重图表的使用;有时她还需要另外一些指导,例如,当婴儿拒绝进食时,她该怎么办。

在我看来,年轻的母亲必须弄明白"本能"与"知识"这两者之间的区别,这很重要。作为母亲,你会天然就知道和做到一些事情,仅仅因为你是一个婴儿的母亲。你天然就知道和做到的这些,与你通过学习所习得的知识差异巨大,不过分地说,它们之间的距离就像英格兰的东海岸和西海岸之间那么远。教授们会发现可预防佝偻病的维生素并将这个知识教给你,你也有知识可以教他,那就是你天生就懂得如何做一个母亲。

母性直觉比知识更宝贵

以母乳喂养婴儿的母亲可以放心沉浸在孩子的养育过程中，不用担心孩子脂肪和蛋白质的摄入。当婴儿九个月左右断奶时，婴儿对母亲的依赖会减少，她就可以自由地研究医生和护士提供的关于婴儿食物的知识和建议。显然，有很多无法凭直觉了解的事情，比如一个母亲确实希望被告知固体食物如何添加，以及如何使用现有的方便食品，使婴儿健康成长。但她必须自己真心认可这些知识，否则就很难做好。

我们很容易看到，通过多年研究，医生对维生素之类营养成分的研究有很大进展，现在，我们在饮食中添加几滴鱼肝油便可明显降低佝偻病的患病概率。这些研究成果可以帮助人类减少疾病。对于这种科研工作所需要的严谨与自律，我们充满敬畏和感激。

但是，如果科学家们愿意去了解，他们也会对母亲在育儿中的直觉充满敬畏，因为母亲们能够在不学习的情况下照顾她的婴儿。事实上，我想说的是，这种理解婴儿的直觉，本质上就因为它是自然的，没有被"学习"和"知识"所破坏。

在准备关于婴儿护理的讲座和书籍时，对于我来说，难点就在于：如何在避免干扰母亲的自然本能的同时，让她们掌握科学研究中的有用知识。

年轻的妈妈们,我希望你能够对自己作为母亲的能力充满信心,不要因为你不知道维生素的用途而影响自己作为母亲本能的部分,比如:如何抱孩子。

如何抱你的孩子

如何抱你的孩子,这也许是我继续往下聊的一个好例子。

"抱婴儿"(holding the baby)这个短语在英语中具有明确的含义:有人与你合作,一起做一件事,然后他甩手走了,留下你独自承担,"抱着婴儿"。

大家都清楚,妈妈们天生就有责任感,如果她们抱着孩子,她们会全身心投入。但如果父亲无法享受他必须扮演的角色,无法与母亲一同分担必须随时有人照顾婴儿这个重担,就真的会只剩下母亲一人独自承担。

或者父亲们都没来今天的演讲现场,不过我相信通常情况下,母亲都能感受到丈夫的支持,也因为这份支持,妈妈们会感觉怡然自得,当她抱着孩子时,她的情绪是平和稳定的。如果我们告诉这样一位妈妈,说抱娃是一门技术活,她一定会很惊讶。

当人们看到小婴儿时,很多人会希望抱抱小宝宝。如果你觉得这样毫无必要,你就不要让别人抱你的孩子。婴儿虽然还很小,但对他们被抱持的方式确实非常敏感,他们会在某个人怀里哭,而对另一个人的怀抱则心满意足。

有时，家里的小女孩会要求抱一个新来的弟弟或妹妹，这是一件大事。聪明的妈妈当然不会理所当然地认为一个姐姐抱着孩子是安全的。她们会明智地记住，不把责任全然交给孩子，如果她让小女孩抱小婴儿，她会一直在那儿，随时准备好把小婴儿带回自己安全的怀抱。这种情况还有另一个极端：我认识一些人，他们一生都记得抱着小弟弟或妹妹的可怕感觉，那种带着强烈的不安全感的噩梦。在噩梦中，婴儿被丢弃；而噩梦中的恐惧则会延续到现实中造成实际的伤害：这种恐惧会让姐姐把婴儿抱得太紧了。

作为母亲，出于对婴儿的爱，你会自然而然地照料婴儿。你不会担心把婴儿掉地上，所以也不用将孩子抱得太紧，而是根据婴儿的状态来调整手臂的姿势，轻柔地调整，也许会弄出些声响。婴儿能从你的气息和肌肤中感受到温暖和放松，他最喜欢你的拥抱，因为最舒适。

当然，母亲也有各种各样的，不一定都是上面那样的。有些母亲会觉得孩子在小床上比在自己怀里更开心，她们对自己抱孩子的方式缺乏自信。这类母亲心里有一些恐惧，这些恐惧有可能来当她还是个小女孩时母亲让她抱婴儿，她不得不应对这个恐惧。也可能这份影响来自她的母亲，而她害怕将属于过去的不确定感传递给她的下一代。

一个焦虑的母亲会尽可能多地使用婴儿床，或者将婴儿交给护士照顾，护士通常是经过精心挑选和专业训练的，她会用自然放松的方式来照顾婴儿。每个母亲都会有自己所擅长的那一面，有的人擅长这个，有的人擅长那个，有些母亲可能就属于焦虑的抱持者。

这个问题值得更仔细地研究。我希望每一个母亲都知道，如果你能很好地照顾你的孩子，那么你正在做一件十分重要的事情。你在为社会新成员的心理健康打下良好的基础，尽管相比于整个人格，这只是其中的一小部分。

母亲是照顾自己孩子的专家

我们来想象一下：观察一个刚出生的婴儿。这可以帮助我们了解个体在成长的未来将会发生，并且将会不断重复出现的情况。除了饥饿、愤怒和巨大的动荡之外，我认为婴儿和世界的联结可以分为三个阶段：

第一阶段：婴儿自给自足，自我容纳，他是一个活的生命体，但被空间包围着。除了自己，他什么都不知道。

第二阶段：婴儿通过移动肘部、膝盖或稍微伸直肢体，对空间开始进行拓展。这时的婴儿会对环境稍微有点好奇。

第三阶段：抱着婴儿的你有时会突然一激灵，惊跳起来，可能是因为门铃响了，或是正在烧的水沸腾了。这种情况对于婴儿来说，空间再次得到拓展。这时的环境让婴儿感到非常好奇。

在第一阶段，婴儿处于一个介于婴儿和世界之间的空间里。最初，婴儿的到来给世界带来惊喜，然后，世界给婴儿带来惊喜。这很简单，我认为它会作为一个自然过程吸引你，同时，这是你研究如何托抱婴儿的好时机。

这一切都显而易见，但如果你不知道这些事情，你可能就浪费了自己这些巨大的潜能，因为你不知道去向你的丈夫、邻居们解释，告诉他们，留一点空间给妈妈们自己是多么重要！争取到这样一个自我空间，孩子就有一个更加稳固的环境，这对于家庭中的每个人来说都很重要。

顺着这一点我们继续往下说。在这个特殊时期，婴儿和这个世界互相成就，婴儿的到来惊艳了世界，世界的多样化也惊艳了婴儿。

婴儿不知道他周围的空间是你维护的。在婴儿意识到空间之前，你特别小心翼翼地保护着这个空间不让外部世界入侵！在这种充满活力却又宁静的状态下，你用自己的生命陪伴着婴儿的生命，等待着婴儿慢慢成长。

当你因缺少睡眠而感到疲惫，尤其是你情绪低落时，你会将婴儿放在婴儿床上，因为你知道你的身体状态不足以让婴儿保持对周围空间的稳定感。

虽然我之前说的是我们对小婴儿的照看，但是并不意味着它们不适用于年龄较大的孩子。当然，在大多数情况下，大一点的孩子已经经历了更为复杂的事情，并且不需要按新生儿的方式来照料。但母亲们常常会遇到这种情况：大一点的孩子有时也会返回到你身边，如同一个小小孩一样来寻求抚慰。

比如，你的孩子遇见了伤心事，哭着跑来找你寻求安慰，可能需要五到十分钟之后才能恢复玩耍。在这段时间里，你把孩子抱在怀里，我刚刚谈到的一系列情况都会发生：你先是安静并有力地拥抱孩子，接着让孩子活动一下并重新看到你——这时你会发现孩子的眼泪不见了，最后你会很自然地放下孩子。

再比如，孩子身体不适或情绪不好，或者辛苦、疲倦了，不管是什么情况，在那一小会儿他寻求安慰的时间里，他会重新变回婴儿，而你必须慢下来，给孩子时间，这样他才能顺利地从绝对必要的安全区回归普通环境。

我找了许多这方面的例子来证明：母亲是照顾自己孩子的专家。我鼓励母亲保留并捍卫这些属于自己天赋的专有能力（它不应被教导），然后再从其他的专家那里学东西。只有母亲能一直保有身上这些天然的能力，再去学习、运用医生教给你的其他知识，养育这件事才能安全地进行。

可能有人觉得我在教你们如何抱孩子。在我看来，这与事实相去甚远。我试图描述的是身为母亲的你自然而然就会做的事情，以便你能够清楚地认识自己所做事情的价值，意识到天然能力的宝贵之处。这很重要。因为总有些不动脑筋的人试图教你如何做妈妈，而在这方面，你本来就比教导者更擅长。

如果你相信我说的这一切，在保留与生俱来的能力的基础上再去学习新知识，就可以让新知识帮助你更好地成为母亲，毕竟我们最好的文明和文化还是提供了很多有价值的东西的。

（1950年）

3

母乳喂养中的交流

第3章 母乳喂养中的交流

从儿科医生转行成为一名儿童精神科医生后,我积累了丰富的个案分析经验。为了更好地开展工作,我需要总结出一套关于儿童在所处环境中情绪和身体如何发育成长的理论,这套理论涵盖范围要广泛,同时要灵活,以便今后遇到新的临床经验时可以修改。

我一直提倡和鼓励母乳喂养,这些年以来,母乳喂养被越来越广泛地接受,这是我所希望的。它为孩子的心理健康打下了良好的基础。但在这里,我并不想着重强调这点,因为这是件自然而然的事情。

我现在要做的,是让自己摆脱对母乳喂养的明显倾向,不再做支持母乳喂养的宣传。被大力宣传的东西总有另一面,总能找到相反的事例。毫无疑问,当今世界有很多人是在没有母乳喂养的情况下长大的,他们也成长得很好。这就意味着,婴儿可以通过其他方式体验与母亲身体的亲密联结。尽管如此,无论是基于什么原因而放弃母乳喂养,我都会为之遗憾,因为我相信,母亲或婴儿缺乏这种体验,会让他们失去一些东西。

生而为人,我们不仅仅关心疾病或精神疾病,也关心人格的丰富性和力量感,关心获得幸福的能力,以及创新和反抗的能力。真正的力量可能属于个人在自然发展过程中的个体体验,而这正是我们希望每个人都拥有的。但在现实中,这种力量很容易被忽视,而另一种力量,源自恐惧、怨恨和缺失所产生的力量则更为常见。

关注儿科医生教导的人们会猜测,母乳喂养是否比其他类型的喂养更好。其实，有些儿科医生认为，从生理学的角度，如果人工喂养得当，效果会比母乳喂养更令人满意。婴儿的营养配比与肌体比例，这是他们关心的问题。但是我并不觉得这就是最终结论，特别是如果这个医生可能忘记了：婴儿所拥有的远不止血和骨头而已。

母亲的价值

从我的角度来看,个体心理健康的基础从一开始就由母亲构建,她提供了我所说的促进性环境①。在这个环境里,婴儿以遗传为基础的成长过程得以自然发生,婴儿与环境的互动也得以顺利进行。而母亲(在不知情的情况下)为个体的心理健康奠定了基础。

但不仅如此。我们来做个假设:一位很称职的母亲为个体的性格力量和个性的丰富度奠定了良好的基础。在这个良好的基础上,随着时间的推移,个体慢慢成长,他就有机会创造性地接触世界,享受和利用世界所提供的一切资源,比如文化遗产,等等。

不幸的是,如果一个孩子的早期基础不够好,那么文化遗产这些资源可能他都感受不到,世界对他来说就是苍白的,缺乏精彩与吸引力。如此一来,就会产生出所谓富人和穷人的差异,它与金钱无关,而与儿童在生命早期开始是否得到足够好的滋养有关。

母乳喂养问题是个体发展这个巨大问题的重要组成部分,是个体

---

① 人的成熟过程是依赖于一个环境来实现的,如果一个环境能不断去适应一个人成熟、成长的需要,这个环境就被称为促进性环境。

在母婴关系的早期发展阶段,足够好的母亲能充分提供婴儿所需的一切,能感知到婴儿的本能需要,而且能尊重婴儿的边界,能接受这些需求的不断变化,并且能根据婴儿的需求变化调整自己的照料与回应方式,使之能适应婴儿的成长需求。

在生命早期获得足够好的环境条件开启生命征程的一部分，当然也不是全部。精神分析师们对当代个体情绪发展理论负有责任，他们以过分强调的方式提出真实乳房的观点，他们也没有错。但随着时间的推移，我们意识到"好乳房"（good breast）其实是一个象征性的术语，它通常意味着令人满意的温暖的亲子关系。实际上，母亲对孩子的抱持和回应，比真实的母乳喂养更为重要。众所周知，许多婴儿都有令人满意的母乳喂养经历，但他们也存在明显的缺陷，这种缺陷是在发展过程中由于抱持和回应不良导致的，在与人建立关系并利用客体的能力上的缺陷。

所以我反复说明：乳房这个词和母乳喂养的概念其实是一种象征性的表达，它承载了母亲这个角色对婴儿的整体应对方式。当我把这个概念阐述清楚时，我才可以无所顾忌地指出乳房本身的重要性。

母乳喂养不应该被强迫

对于一个原本就打算母乳喂养孩子并且自然而然就这样做的女人来说，如果某个权威人士——医生或护士——走过来命令说"你必须进行母乳喂养"，在我看来，这是极大的侮辱。如果我是女性，这种命令足以让我厌烦。我会回应说："很好，但我不会。"

不幸的是，母亲们总对医生和护士抱有某种可怕的信念，认为：如果出现问题或紧急情况时医生知道该怎么办，那么医生当然也知道如何让母亲和婴儿建立关系。但通常情况是：医生们对此一无所知，因为这是母婴之间独有的亲密关系。

这也是一个医生和护士应该普遍了解的问题：如果是身体方面出现问题，他们作为专业人士的确是被需要的，而且非常需要；但如果是母婴关系里的问题，那么，他们可不是这方面的专家，而母婴关系对母亲和孩子来说都至关重要。如果医生和护士针对母婴亲密关系提出建议，他们就把自己置于危险之地，因为母亲和婴儿都不需要建议。母亲和婴儿需要的是一种能够培养母亲对自身信念坚定不移的环境。

值得一提的是，现在越来越多的父亲在婴儿出生时能够在场，这是一个重要的进步。母亲在休息前可以看看她的婴儿，这是第一时刻，而父亲的在场体现了他对这第一时刻的重视与理解。这是一件自然而然的事情，和建立母乳喂养一样的道理。母乳喂养时，母亲必须等待自己身体的反应，外力无法干预。有时婴儿饿了却无法哺乳，有时母亲的身体反应又如此强烈，以至于等不及婴儿吮吸，乳腺就堵塞了，这些情况下，她都需要寻求帮助；但是在这些方面，医生和护士还有待学习。现代医学对医护专业知识的需求很大，要求很高，而医生和护士也都是普通人，他们很难全知全晓。

在这个初为父母的早期阶段，要让父母了解并意识到他们基于父母身份的需求，而且这些需求更多要依靠他们自己去实现，只是偶尔有些问题可以向医生和护士咨询。医生和护士了解自己的职能是什么，也清楚什么是父母的职能，这样的合作关系会比较和谐愉快。

我工作时听到过很多母亲向我抱怨，医生和护士过于关注生理上的痛苦，总是忍不住去干预母亲和孩子，但这种干预却无助于母亲、父亲和婴儿的亲密联结，甚至造成负面效果。

当然，也有一些母亲哺乳困难是因为自身的原因。这些困难源于她们自己的内心冲突，也许与她们自己在婴儿期的经历有关。这些问题有时是可以解决的。

如果一位母亲在母乳喂养上有困难，那么试图强迫她进行母乳喂养是错误的，这样很可能让母乳喂养演变成一场灾难。一些"预言家"认为，母亲应该为母乳喂养付出努力，先做点什么，这是非常糟糕的见解。母亲放弃母乳喂养转而采取另一种喂养方式的情况经常发生，她可能在第一个孩子时不能母乳喂养，而在第二个或第三个孩子时母乳喂养成功，并且很高兴这些变化自然而然地发生在自己身上。当母亲放弃母乳喂养时，一样可以通过其他方式和孩子建立身体上的亲密联结。

关于这些生命早期阶段的重要议题，我很愿意多说一些。一位妇女收养了一个六周大的婴儿。刚开始，孩子在与人接触及被照料中，对抱持和镜映的反应都很好。然而六周后母亲发现婴儿的喂养模式有点特别，也许是源于以前的被喂养体验：如果孩子要喝奶，母亲必须把她放在地板上或硬桌子上，需要在没有任何形式的身体接触情况下握住奶瓶，孩子才可以做出吸吮的反应。这种不正常的喂养方式会基于孩子的早期经验而持续存在，并将融入孩子的人格品质中。这个例子向任何一个观察孩子发展的人清楚地呈现早期的非人性化的喂养体验对个体产生的巨大影响。这就是一个负面影响的例子。

如果就这个问题继续说下去，也许说太多反而会混淆母乳喂养的本旨，因为这个主题涵盖的范围很广。不如去问问那些正在听我讲的人的经验，并提醒自己：这些一开始发生在母亲和婴儿之间的"小事"很重要。不要因为它们看起来如此自然，就理所当然地被认为不重要。

母乳喂养的特别之处

现在来说说母乳喂养的积极价值。

母乳喂养并不是绝对必要的,所以母亲存在困难时可以不用坚持。因为,显而易见,喂养体验具有极大的丰富性,并非只有母乳喂养这个唯一途径。婴儿是鲜活的整体,他在清醒状态下接受的全部信息都会投放到人格里。在清醒时,婴儿的大部分生活首先与喂养有关——"吃"是他唯一的任务。在某种程度上,婴儿的清醒就是在为做梦收集材料,他会将所有信息都收集起来,编织成梦境,让它们在内在现实中回荡。

医生习惯于谈论疾病与健康,但有时他们会忘记,即使没有疾病,都在健康的范围内,个体也会存在着巨大差异,这些差异使一个孩子的生命体验微弱无力,甚至乏味无聊,而另一个孩子却热情洋溢、色彩丰富,并且其丰富性在他可以承受的范围内。对于某些婴儿来说,喂养体验是如此的淡薄无聊,以至于他们带着愤怒和沮丧地哭泣也是一种情感调剂,因为这种体验可以让人感觉到真实,并且这些感受会触及整个人格层面。因此,在观察婴儿的喂养经历时,首先要从经历的丰富性和对整个人格的贡献方面来考量。

使用奶瓶喂养时,也可以看到母乳喂养的重要特征。例如,婴儿和母亲互相看着对方的眼睛，这是早期的一个特征，并不完全依靠真实的母亲乳房。有人猜测，当婴儿使用橡胶奶嘴时，与真实的母乳喂养相比，婴儿对母乳的气味和感官体验都不复存在。毫无疑问，即使真的存在这种劣势，婴儿也有办法克服。婴儿的感官体验能力极其敏锐，他们对于一些过渡性客体，比如对丝绸、尼龙、羊毛、棉花、亚麻布、浆纱围裙、橡胶、一张湿尿布的感觉是截然不同的。当然这是另一个主题，我提到它只是为了提醒您一个事实：我们在照料小婴儿时，我们眼中日常生活里的一个非常微不足道的变化，在婴儿的小小世界里就是惊天动地的大事情。

据观察，婴儿被母乳喂养时的体验比使用奶瓶的体验的确更丰富。除了这点，我们还必须说说母亲们自己的感受和体验。

几乎不需要从这个大主题开始去描述母亲们的成就感。在这个阶段，对她们来说，哪怕之前令人讨厌的生理学和解剖学知识也突然变得有意义，因为她们能够坦然应对婴儿要吃掉自己的那种恐惧感，发现自己有一种叫作奶水的东西可以安抚婴儿。我宁愿把这块留在你的想象之中。但这里要提醒你注意一个重要事实：虽然哺乳婴儿非常令人满足，但无论喂养效果如何，这种使用自己身体的一部分来喂养孩子的方式对于不同的女性来说，满足感都是不尽相同的。这种满足感与母亲在婴儿时期的经历有关，整个事情可以追溯到人类的最初阶段，那时的人类几乎还没有从哺乳动物的位置上转变过来。

如何处理婴儿的攻击

现在来谈谈我认为的在这个领域最重要的观察。

活力满满的婴儿身上都具有攻击性。随着时间的推移,婴儿开始踢、尖叫或抓挠,在被母乳喂养时,婴儿的牙龈动作如果非常用力,就很容易导致乳头皲裂;有些婴儿确实会用牙龈紧紧咬住母亲的乳头,这会让母亲很痛。不能说婴儿们是在试图伤害,因为这个阶段的婴儿还不足以有攻击意识。但随着时间的推移,哺乳过程中,婴儿的确会产生咬人的冲动。

这是一个非常重要的开端!它属于残酷和冲动所定义的范畴。这个行为可以解释为"对无保护客体的使用"。但是很快,婴儿就会开始知道保护乳房了。事实上,在婴儿长出牙齿后,他们也很少通过咬乳房来搞破坏。

这不是因为他们没有咬乳房冲动,而是冲动被克制。这就像将狼驯化成狗,把雄狮驯化成一只猫一样。然而,对于人类婴儿来说,在驯化完成之前,有一个无法避免的、非常困难的阶段。如果母亲了解这个阶段,那么她就能更好、更容易地了解婴儿。这样一来,在婴儿开始对母亲施展破坏技能时,母亲就不需要通过反击和复仇来保护自己了。

换句话说,当婴儿咬她、抓她的头发、踢她时,母亲的重要任务就是要活下来,剩下的事情由婴儿来做。

如果她活下来，那么婴儿就会为"爱"这个词找到新的含义，婴儿的生活中出现了一件新事物——幻想。就好像婴儿现在可以对母亲说："我爱你，因为你在我对你的摧毁中活了下来。每当我想起你，我都会在我的梦境和幻想中去摧毁你，因为我爱你。"经过这个过程后，母亲得以被具象化，她被置于一个不属于婴儿的世界中，并发挥她应该发挥的作用。

你可以看到，我们举例中有超过六个月的婴儿，也有两岁的孩子。我们正在寻找一种语言，这种语言对于描述儿童的身心发展很重要，在这种语言中，他成为世界的一部分，而不是生活在一个由无所不能的母亲为他构建的、受专属保护的、主观的世界中。当然，对新生儿也无须否认，正是上述这些构成了他未来世界的雏形。

深入探讨这个过渡期并不是我们在这里的工作，尽管这个过渡期对每个孩子的生活都很重要，它能使孩子成为世界的一部分，让孩子使用世界，也为世界做出贡献。我们在这里，重要的是认识到这一点：人类个体健康发展的基础，是意识到客体恒常性①，即客体遭受攻击后能存活下来。

就母亲喂养婴儿而言，母亲的恒常性不仅是作为一个活生生的人，而且是作为一个在关键时刻没有报复心的人，没有实施报复行为的人。很快，其他人，包括父亲、动物和玩具，也扮演了同样的角色。

---

① "客体恒常性"（object constancy）是精神分析的一个术语，指的是人类婴幼儿在两岁左右获得一种能力，相信：a.照料者是一个我们可以依赖的存在，但同时，他们也是一个可以独立于我们之外的独立个体；b.即使在某些情况下客体无法被看见、触摸或者感知到，他们依然是存在的。

在精神动力学上，客体恒常性一般特指个体在面对挫折，产生愤怒感和失望情绪时，能够对母亲或者其他人、对外界维持积极的感受。

由此可见,对于母亲而言,要把"断奶"看成是婴儿自然发育过程的必然事件,而不是对婴儿客体恒常性的损害,是一件很困难的事情。不必讨论客体这个概念的极其有趣的复杂性,就简单地说,客体恒常性的基本特征是基于其所处的背景的。

现在可以去弄清乳房和奶瓶之间的区别。虽然在所有情况下核心都是母亲的稳定存在。但尽管如此,母亲身体的一部分带给婴儿的稳定感,与奶瓶带给婴儿的稳定感,肯定是有区别的。比如在喂食婴儿的过程中,如果母亲将奶瓶掉在了地板上,或是婴儿自己将瓶子推倒,奶瓶被打破了,婴儿会有极其痛苦的体验。

也许从这个观察中,你可以按自己的经验来理解它,并和我一起认识到:作为母亲的一部分,乳房的存在所代表的意义,与玻璃奶瓶所代表的意义是完全不同的。这些思考使我将母乳喂养视为一种合乎自然的现象,就像我之前一直认为的那样理所当然,即使它们也可以在必要时被替代。

(1968年)

4

新生儿和他的母亲

第 4 章 新生儿和他的母亲

婴儿与母亲这个主题如此复杂,我甚至有些犹豫是否需要增加一个新的支线。然而,在我看来,如果心理学对于新生儿的研究具有某些合理性的话,那也只有实践才会使其丰富,变得完整。在理论领域,有些理论因为不能触及问题本身缺乏可行性,或者其中虽然有部分可行性,但也还需要简化、精进,因为一般情况下,真理往往是简单不言自明的。

说起新生儿和母亲这对搭档,可以讨论的话题非常多。但我不喜欢简单描述人们早就知道的一些新生儿知识。现在要讨论的是心理学。我喜欢假设,假设我们看到一个婴儿,我们也会看到他背后的养育环境,而在这背后,主要看到的就是母亲。

所以,如果我说"母亲"比"父亲"的频率更高,希望父亲们能理解。

首先我们要认识到,母亲的心理和婴儿的心理存在着极大的差异。母亲是成熟老练的成人。而婴儿却刚好相反。许多人发现,在婴儿出生的几周甚至几个月之内,很难使用任何可以称为"心理"的东西用来解释婴儿,而且必须说明,认为有这种命名困难的,是医生,而不是母亲。我们可以这样说:母亲们肯定看到了比实际呈现更多的东西,而科学家们只能看到被证实的东西,除此之外,他们什么也看不到。

我听过有一种说法:对于新生儿来说,生理和心理是一体的(约翰·戴维斯，John Davis）[①]。这是一个很好的开始，心理的确是从生理基础上逐渐延伸出来的。没有必要争论这个转变发生在哪天，它会因为具体情况的不同而不同。也许出生的那一刻就是发生这一重大变化的时刻。事实上，早产儿待在保温箱里可能心理状况会好许多，而足月儿如在保温箱里则没法茁壮成长，他们需要的是更多的拥抱和身体接触。

[①] 约翰·戴维斯（John Davis），温尼科特在儿童医院的同事。

对婴儿的照顾，其原型是抱持

这是我的一个研究结论：除非母亲患有精神疾病，否则在怀孕的最后几个月里，她们确实会专注于做好"与婴儿合二为一"这个非常特殊的任务，分娩后的几周或几个月内，她们会逐渐恢复如常。我在"原始母性贯注"（Primary Maternal Preoccupation）这个主题下写了很多关于这一点的文章。

可以说，在这种状态下，母亲们能够设身处地地为婴儿着想。她们基于对婴儿的认同，发展出惊人的共情能力，这使得她们能以一种任何机器都无法模仿、任何教学都无法实现的方式来满足婴儿的基本需求。我总是一直说"所有对婴儿的照顾，其原型是抱持"，我们觉得这是自然而然产生的吗？我的意思是带着共情的抱持！

我知道我把"抱持"这个词的含义发挥到了极致，但我认为这是一种象征化的说法，而且足够真实。一个被抱持得足够好的婴儿和一个没有被抱持得足够好的婴儿是完全不同的。我认为，如果没有明确描述被抱持的质量，任何对婴儿的观察都没有价值。

例如，我刚刚看了一部对我有特殊价值的电影。电影中，一位医生扶着一个学步的婴儿在走路，如果你观察医生的话语，你会发现他非常细腻、谨慎和敏感，婴儿的行为方式也比较自如，没有表现出被其他人搀扶时的那种不安。我认为，总体上，儿科医生都是能够认同婴儿并抱持婴儿的人，也许正是这种设身处地的共情能力让他们得以成为一名儿科医生。

有一点我想特别说明：有时候婴儿的行为会出现很大的变化，所以应该把观察者和观察对象都拍下来，这样就可以判断观察者此刻是否真的了解婴儿的所思所想。为什么一定要提到"婴儿护理"这一特殊属性呢？因为在情绪发展的早期阶段，在被称为"自主自我"（autonomous ego）的东西发展出来之前，婴儿碎片化的、没有形成系统的感受里，充满了非常严重的焦虑。其实，"焦虑"这个词还不足以表达他们的痛苦程度，那种痛苦程度近乎惊恐，这种惊恐同时是对自身痛苦的一种防御，以抵御情愿自杀也不愿回忆的痛苦。在这里，我措辞有些激烈。

比如，有两个婴儿，其中一个被抱持得（广义上的抱持）足够好，遵循着先天的遗传特质成长，没有什么因素能阻碍他身心迅速发展，那么随着早期发展阶段的结束，这个孩子在早期生命阶段的原始痛苦也会被处理；另一个孩子则缺乏被好好抱持的经历，因此各项指标的发展不得不扭曲和延迟，这个孩子在生命早期所体验的痛苦在某种程度上也必然会被带到他后来的生活和生存中去。

可以说，在抱持足够好的普适体验中，母亲能够提供一种辅助的自我功能，让婴儿从一开始就可以有"自我"，即使这种自我非常虚弱，时有时无，但母亲在识别婴儿基本需求方面的能力和敏锐回应会逐渐增强孩子的自我，帮助它稳定、成形。而没有这种被良好抱持体验的婴儿，要么导致自我功能的过早发展，要么就发展成一种错乱的状态。

在这里，我必须做一个简单的陈述，因为在生理学方面有经验的人不一定会对心理学理论有太多了解。在发展心理学中，个体的情绪发展与成熟需要一个促进性的环境才能得以实现，但这个促进性环境瞬息万变，极其复杂。只有在一定程度上了解婴儿发展过程的人类才有可能适应婴儿不断变化且不断复杂的需求，这种适应与否的标准是根据婴儿不断变化的需求来区分的。

在生命的早期阶段，一直以来，"成熟"在很大程度上是一个整合的问题。我不能在这里重复所有关于情绪发展的细节，但在这个标题下有三个主要任务：自体（self）整合，身心整合，与客体建立联系。与此大致对应的，是母亲的三项功能：抱持、回应和客体呈现。这本身就是一个巨大的课题。我曾在"生命的第一年"中讲述过这一点[1]，现在我依旧努力让大家从婴儿一出生就开始关注这个重大课题。

大家应该注意到这个事实：婴儿从一开始就是人类。他们的生理配置是"人"。我知道我没有必要在这里提醒大家注意"婴儿是人类"的事实，这是儿科与心理学的共同点。

很难想到用什么方式来描述人类生命的最初状态，如果有人尝试呈现，他可能会说：婴儿一开始是在收集经验、整理经验、感受情感并区分各种情感，在适当的时候焦虑，并开始组织心理防御机制来抵御痛苦。所以我总是说，对婴儿以及更早期的研究应该结合心理学。（参见第5章）你可能熟悉各种正在进行的婴儿观察实验，但我只需要参考《婴儿行为的决定因素》[2]（*Determinants of Infant Behavior*）第二卷所附的书目就可以了。我不会专门讨论这类论著。

人们可能会问：为什么呢？

因为对于以生理科学为主业的人（这里在座的有许多）来说，通

---

[1] 见《家庭与个体发展》一书。
[2] 该书由伦敦塔维斯托克出版有限公司（Tavistock Publications Ltd.）出版。

过直接观察所获得的经验才有意义。这是很久以前我在从事儿科工作实践中得出的结论,而我现在更愿意在这里花几分钟时间,尝试着向你们介绍,我作为一名精神分析师和儿童精神病医生的一点点经验。

小婴儿的心理

精神分析如何能揭开新生儿心理的神秘面纱呢？显然，现实里有很多关于母亲或父亲的精神怪癖影响子女的案例，一说就是一大堆。但为了使问题聚焦且具有更好的普适性，我必须假设父母是身体健康的，同时还假设婴儿也是身体健康的。

精神分析提供了一种理论——情绪发展理论——来解释人的心理发展。事实上，这也是这个领域唯一的理论。但早期的精神分析多是面向成人，只有在梦的象征意义中，在心身医学的症状中，在想象力的游戏中，才能看到婴儿期的身影。后来，精神分析的范围开始向低龄段发展，更小的孩子，比如两岁半的儿童，也开始被纳入精神分析的范畴。然而这并没有给到我们所需要的东西：因为两岁半的小孩子和婴儿期相比已经有了巨大的发展，除非他们生病且发育迟滞。

我的观点是：精神分析最重要的发展，是将分析工作运用到了对精神病患者的研究上。研究发现，神经症患者将分析师带到患者的幼年，而精神分裂症则将分析师带到了患者的婴儿期——生命最初始、几乎完全依赖的阶段。简而言之，这些病例表明，个体在不成熟和依赖的自我获得组织防御能力之前，已经经历了促进性环境的挫折。

对于以这种方式深入研究婴儿期心理学的研究者来说，最适宜的病例是边缘性精神分裂症患者。他有足够的功能性人格，能够接受分析，如果人格中非常不健康的部分想要得到缓解，这项令人厌烦的分析工作就必须要进行下去。

我主要是想向你们介绍这种方法：在稳定的分析治疗中，一个病情严重（退行很严重）的患者如何丰富我们对婴儿的理解。

虽然患者是一个成年人，行为举止受社会规范影响，有一定的掩饰度，但在实际的分析工作中，他也会像婴儿一样躺在沙发上，地板上或者其他什么地方，这种依赖性完全存在，也会被充分呈现，当分析师帮助他的自我功能活跃起来之后，其婴儿的一面会被直接观察到。当然，因为他已经有了一定程度的成熟，我们也必须考虑到呈现上会存在某种程度的扭曲。

我曾观察到这种扭曲。以下是我在工作中对"扭曲"（distortion）有所了解的两个案例。

第一个案例是一个四岁的精神分裂症男孩。父母在照顾他，对他特别关注，当时他病情不是很严重，并且在逐渐康复。在我的治疗室里，他体验着从母亲身体里再次出生的游戏。他坐在母亲的膝盖上，把母亲双腿拉直，把母亲的腿当成滑梯，从大腿一直滑到地上。

他一次又一次地玩着这个游戏。这是一场特殊的游戏，源于与母亲的特殊关系，母亲这时成为生病儿童的心理护士。这个游戏体现了象征手法，它把普通人喜欢做的事情与梦中出现的出生方式结合在一起，但这是这个男孩出生的直接记忆吗？实际上不是，因为这个孩子是剖宫产出生的。在这里，我想说明：任何想了解患者过去的方法，都需要在实践中不断修正，我清楚这一点，但象征手法对于这类情况仍然是有效的。

第二个案例是一个歇斯底里的女人。她总是"回忆"自己出生时的场景，对当时的细节记得非常详细，与此同时，她还做了一个焦虑的梦。梦中，医生来了，他穿着礼服，戴着礼帽，手里还拿着一个包。她还记得医生对她母亲说的话。当然，这是一种典型的歇斯底里的扭曲，尽管不能排除这个女人也在处理真实的出生记忆的可能性。这种类型的梦就不能用在这次讨论中，因为她是一个成年人，当然知道真实的分娩过程是怎样的，而且她有很多弟弟妹妹。

与这个案例相对应，还有另一个案例。想象一下这个画面：一个两岁的小女孩在扮演她刚出生的小妹妹。她试图与小妹妹建立一种新的关系，而我（作为这个两岁小女孩的分析师）必须做一件特别的事情。

这个两岁的小女孩进来了（走进咨询室），她知道自己想要什么。她吩咐我扮演"她"，于是我坐在地板上的玩具中间。然后她走出去把她的父亲从候诊室带过来（刚好是她的父亲在那里，本来应该是母亲在那里的）。她坐在父亲的大腿上，变成了刚出生的小婴儿。为了实现这个情景，她在父亲的大腿上跳来跳去，然后顺着他的腿跳到地板上，她说："我是小宝宝！"然后她看着我，因为我现在是在演她的角色，她断断续续地告诉我该怎么做。

我不得不非常愤怒，把所有的玩具都推倒，说"我不想要小妹妹！"等等类似的表达。这个剧情一遍又一遍地重复着。你看，这个小女孩从父亲腿上跳下去扮演分娩过程十分容易。她做了大约十次，直到她的父亲无法忍受，然后她又开始从父亲的头顶"出生"；当然，这位父亲并不介意这一点，因为他是一名教授，头脑聪明，知道应该如何配合孩子。

莫罗反射

接下来我想谈谈莫罗反射（Moro Response）。①

在座的各位都是儿科医生，对这个反射都很熟悉，不需要我再来啰唆：当婴儿头部向后突然坠落时，婴儿如何以一种可预测的方式来做出反应。下面我所说的，是基于儿科医学所总结出来的"不够好的母亲照料"（not good enough mothering）的一个细节。

一个母亲绝不会对她的孩子做这类事情。我的意思是，医生在对婴儿做这类检查时不会被打耳光，是因为他们是医生，而母亲们害怕医生。当然，测试一次莫罗反射不会对婴儿的心理产生不良影响。但如果有一位母亲，对孩子的莫罗反射有疑虑但又只是一知半解，如果她每隔20分钟就把孩子举起来，再把婴儿的头放开，通过这样的方式

---

① 莫罗反射是人类婴儿反射的一种，又名惊跳反射。当婴儿遇到突如其来的刺激会出现。惊跳反射时，婴儿的双臂伸直，手指张开，背部伸展或弯曲，头朝后仰，双腿挺直，双臂互抱。

此反射是人类从灵长目种系进化来的遗存现象，它显示了幼崽遇到紧急情况时伸出四肢抓住母畜的能力，人类婴儿一般在三到五个月内消失。此反射超过六个月还有，则婴儿可能存在神经病变；若有上肢不对称反应，则可能为半身轻瘫、臂神经丛损伤、锁骨或肱骨骨折；若下肢反应消失，则疑为脊髓下段损伤与先天性髋关节脱臼。

这个反射在婴儿仰躺时看得最清楚，所以医生有时会将孩子托在手上测试孩子的反应。

来观察孩子的反应，这就不是一个足够好的母亲的行为。或者说，这根本就不是一个母亲会对自己的孩子做的事情。一个母亲，虽然她可能无法用语言来描述她对婴儿的感觉，但每当她把孩子举高时，她一定会把孩子抱得紧紧的，尽量避免让孩子受到惊扰。

现在我想谈一谈对一位女性患者的分析治疗。这位女性有着深度持久的退行，到了依赖的层面。对她的治疗持续了很多很多年。这个治疗为我提供了一个独特的观察婴儿期的机会，只是此时的婴儿期出现在一个成年人身上。正在接受莫罗反射测试的婴儿不能用语言清楚地表达发生了什么，而这位患者从每次的深度退行中恢复过来时，她就变成了一个有知识和会伪装的成年人，她可以通过说话来表达自己，不过我们必须考虑到她不仅是一个婴儿，同时又是一个成熟的成年人的因素。

当这位患者退行到情感发展的最初期时，她对自体只有一个非常简单的概念。事实上，如果有足够好的母性抱持，"自体"只需要有一个萌芽就可以顺利发展；但是如果缺乏好的抱持环境，就什么都不会有。糟糕的抱持（或引发莫罗反射的缺陷性环境）迫使婴儿过早接受意识层面的东西，而他们根本没有准备好。

假如小婴儿会说话，他会说：我在这里，享受着存在本身的连续性。我不知道自体是什么。可能是一个圆圈？（说句题外话：复活节时公园里出售气球的小贩给气球做各种装饰造型，英国也是一样；其实他们忘记了孩子们喜欢的就是一个可以向上飘扬的简单球体。孩子们不想要气球上有耳朵和鼻子，也不想看上面的各种装饰。）

如果用言语来表达婴儿对莫罗反射测试的感受，他可能会说："我的自体看起来像一个圆圈，但我并不知道它的存在。突然，发生了可怕的事情：我赖以生存的连续性被打断了，它是我目前所拥有的自我整合的全部。现在，它被迫分成两部分：一个是身体，一个是头部。我不得不重新描述我的自体：它现在是两个互不相关的圆圈中的一个，而不是这件可怕的事情发生之前的那个完整的圆。"这名婴儿在试图描述人格分裂，以及由于头部突然垂坠而产生的过早意识。

事实是，婴儿正在遭受精神上的痛苦，精神分裂症将这种精神痛苦转化成一种记忆和威胁，在这种痛苦的威胁之下，自杀成为生活之外的一种明智的选择。

继续我的女患者的故事。

你可能会问，为什么我的患者会退行到依赖这个层面呢？我首先来回答这个问题。

在一些"边缘性"咨询个案中，患者的情感能力发展受限，发展动力一直被搁置，患者没有办法记住非常早期的经历，除非重新体验它们。这些体验非常痛苦，因为它们是在个体的自我尚未没有组织好、母亲（或抱持环境）对自我形成的辅助功能又存在缺陷时出现的；如果重新体验，必须在精神分析师提供的、经过仔细准备和测试的情况下进行，比如精神分析师提供的环境。此外，分析师需要亲自在场陪伴。因为，当分析工作进行得顺利时，患者会因为最初（患者婴儿期）促进环境的失败而需要憎恨一个人；促进环境的失败会扭曲个体的成熟过程，这使得他需要一个人来憎恨。

在我的这个特殊个案里，女患者身上出现了很多婴儿期的细节，但因为同时是成人，我可以就这些问题和她一起展开讨论。我们一起坐在沙发上，一起体验一些特殊时刻。她的头仰躺在我手掌中，这样的实际接触在精神分析工作中是很少见的。然后，我做了一件非常淘气的事情，根本不属于精神分析：我让她的头突然垂坠下去了。我是想通过这个机会来测试她的莫罗反射是否会出现，出现的话会是什么样子。当然，我也知道这个举动后会发生什么。

如我所料，个案出现了自己被一分为二的感觉，遭受了非常严重的精神痛苦。我们就此深入探讨，最终找到了这种痛苦后的心理渊源。她告诉我她的婴儿时期的自体发生了什么：在那一刻，完整的自体之圆变成了两个圆圈，而这段经历只是人格分裂的一个缩影，人格分裂是由促进性环境的某种特定的挫败或缺失，导致自我增益（ego-augmentation）失败造成的。

我很少做这样的尝试，因为作为治疗师，我的工作就是要纠正那些导致无法忍受的痛苦的错误，让患者不再重蹈覆辙。我不能把患者放在科学的祭坛上去牺牲。但令人难过的是，我还是无法克服人性的弱点，知错犯错，所以才有了一个这样的测试。当然，我也尽了全力来做善后事宜。

从这个测试可以看出，莫罗反射可能依赖于反射弧的存在，也可能不依赖于反射弧的存在。我只是说它不是必须要有神经学基础，或者说它的反应可以是神经生理机制的，也可以是心理机制的，而且它们之间可以互相转换。因此，如果一个人想要完整地论述莫罗反射，忽视心理学这块是不稳妥的。

这些巨大的原始的精神痛苦只有极少数的几种，包括不断坠落、各种形式的崩溃（解体），以及将身心分离的情况。很容易看出，这些问题会影响婴儿情绪发展的方向。如果婴儿有足够好的母亲的哺育，那么他的情绪发展就会比较顺畅，一路向前发展；如果不幸患有精神分裂症，就会出现退行现象，破坏早期阶段的向前发展。精神分裂症有一种驱力促使个体与这个过程产生联系，这与新生儿期有关。

　　用这种方式看待精神分裂症，既有助于理解精神分裂症，也有助于理解婴儿。

一个精神分裂女孩的出生之梦

关于出生记忆以及出生的经历对婴儿意味着什么，还有大量的工作要做。在这里我没有时间充分展开这个主题。但我想分享一个出生时经历过难产，后来患有精神分裂症的女孩的梦。不过在此之前，我必须先假设一个正常的分娩——至少心理层面上正常。这种情况下，与出生相关的心理创伤是最小程度的。

在一个正常的分娩中，从婴儿的角度来看，婴儿因为需要呼吸或其他什么原因，婴儿自己做了一些事情而导致了出生。所以从婴儿的角度来看，分娩是"由婴儿带来的"。我认为这种想法不仅是正常的，而且是理所当然的。虽然，这类幸运事件在精神分析治疗中并不太常见，但在人类世界的象征、想象创造中和游戏中非常常见。然而，精神分析治疗通常只接触到"出了问题"的部分，其中之一就是无限的延迟（难产），因为婴儿没有理由能耐受"延迟满足"。

回到那个精神分裂的女孩。我们一起工作了2500个小时。她的智商非常高，我想是180左右。她来接受治疗，问我能否为她找到一个自杀的正当理由。在这一点上我失败了。她做这个梦时处于这样的阶段：带着一个高智商的成年女性在意识层面的全部曲解，重新体验一次出生。

她有一个高度神经质的母亲，有证据表明，很可能是发生了这种情况：母亲在生她时出现了严重休克，因此婴儿的意识被提前唤醒，又因为当时没有及时发现前置胎盘的异常情况，整个分娩变得十分复杂。从精神分析的角度，这个女孩一开始还没准备好就被带入生活，后面她从来都没有步入正轨。

她做了很多努力，借了我那本兰克（Rank）写的《出生创伤》（Trauma of Birth）。你看，这又增加了复杂度，这类工作中，所有这些复杂的事情都必须被接受和汇报。在她读完这本书的那天晚上，她做了一个梦，她觉得这个梦意义重大，我想你也会发现确实如此。

对于分析师来说，这样的梦像是日常生活中的面包。如果你习惯于做梦，你会意识到做梦的含义：她很信任我，我作为她的分析师，作为对她的案例进行分析、对她给予抱持的人的信任。这个梦的内容体现出她长期的偏执状态，她的弱点，她原始经验的缺失——事实上，她已经组织了一切可能的防御来对抗原始经验的缺失。精神分析师们会注意到这样一个事实：这个梦的产生取决于很多因素，但它们都不可能早于出生时间。尽管如此，我还是要提供更多的信息。这是她对自己刚出生时的意象表达：

她梦见自己被压在一堆碎石下，整个身体肌肤都极其敏感，敏感程度几乎无法想象。她的皮肤被烧伤了，被烧得遍体鳞伤。这是代表她的皮肤极其敏感和脆弱。她知道，如果有任何人来对她做任何事情，无论是身体上还是精神上，都会让她产生无法忍受的痛苦。她知道人们会来取下碎石，为了治好她而对她做些什么，但这种情况是无法忍受的。她强调：随之而来的无法忍受的情绪，与她自杀未遂的情绪可以相提并论（她曾两次自杀未遂，后来还是自杀了）。

她说：你无法再忍受任何事情了，无法再忍受身体和思想承受这么多可怕的东西。它的全部都需要被整体移除。然而正是完成这项工作所需的一切外部援助，使这项工作如此难以实现。如果人们能让我一个人待着；如果人们不靠近我，不找我麻烦就好了！而在梦里发生的事情是这样的：有人过来把油倒在砾石上，她就在砾石下面。油渗透过碎石，黏在她的皮肤上，完全覆盖住了她。有三个星期的时间，她安安静静地待着，没有受到任何干扰。三个星期之后，身体就能毫无痛苦地离开碎石了。

不过在她的双乳之间有一小块伤疤，"这是油没有覆盖的一块小三角形区域，从那里长出一个类似阴茎或绳索的东西。不过这无关紧要：有人注意到了它，把它扯掉了。当然有点痛，不过可以忍受。"

从这个梦中，我想你可以（在其他许多事情中）体会到这个个案刚刚出生的感觉。这不是我所谓的正常分娩，因为分娩过程中出现的延迟导致了婴儿过早地产生意识。

我知道有些人会觉得分析师这种工作方法不能令人信服。然而，我希望人们关注到这种之前根本没有听说过但一直在进行的工作，它属于一门新兴学科。精神分裂症是婴儿早期成熟过程受损的结果，这一理论对精神病学家有很多启示；我相信，母亲和她的婴儿们之间的理论，也可以给儿科医生、神经科医生和心理学家带来更多的启发。

（1964年）

5

人之初

人在何时开始成为人

在1966年12月3日写给《泰晤士报》的一封信中，费希尔（Fisher）博士再次讨论了这个问题：人在何时开始被承认是人？当然，他是在回应罗马天主教认为堕胎即谋杀的观点，在信中，他的观点是：毫无疑问出生的那一刻就是一个人开始的时刻。这是一个可以为许多人所认同的观点，但这种说法似乎只是对人的不同发展阶段的部分看法，只在特定的讨论中被使用。

而在这里，我们需要一个能在更大的范围里被使用的观点。它似乎需要既在一定程度上容易被人们接受，又能相对经济的同时纳入对所有相关的生理和心理现象的考量。

（1）"受孕"想象。孩子的开始，是他们被想象出来的时候。这种想象会时常出现在任何超过两岁的儿童的游戏中。它也是梦和许多消遣活动的部分原型。在人们结婚后它更会时不时地出现，特别是在明确有要孩子的想法时。当然，想要孩子并不一定真的能有孩子，查尔斯·兰姆（Charles Lamb）在《伊莱亚随笔》（Esses of Elia）中的

"梦中孩子"（Dream Children）①就是一个令人悲哀的例子。

（2）怀孕。这是一个生理事实。受孕依赖于卵子的受精和受精卵在子宫内膜的着床。除了神话之外，目前还没有单性生殖的案例。在极少数情况下，受孕发生在子宫外的腹膜腔内。怀孕的心理过程可以说是受孕想象变成了现实，也可以说怀孕皆是偶然的。我们很可能应该把"顺其自然"这个词与"想要孩子"联系起来，认为这只是一个小小的意外，因为过分强调怀上孩子与任何有意识的愿望相关的观点都会带来太多的压力。关于怀孕是个小意外的看法确实有很多可说的，父母们一开始很惊讶，甚至很恼火，因为这一事实给他们的生活带来了巨大的破坏。它被认为是一场灾难，只有当父母们或迅速地或缓慢地意识到这正是他们需要的"灾难"时，想法才会转变为"这是好的安排"。

（3）大脑（生理器官）的形成。找到这个器官形成的确切时期是很有必要的，因为在大脑形成的这个特殊时期，如果母亲得了德国麻疹，那胎儿就非常危险。

大约在怀孕两到三个月的时间里，大脑开始形成，并随之有非常迅速的增长，换句话说，在大脑形成之前把孩子看作是人，与大脑在解剖学上已经形成后把孩子看作人，这是完全不同的事情。当然，有些人偏执地认为只要卵子受精，生命就形成了，他们无视胚胎成长需要一个必然过程，无视卵子是否被放入了合适的"培养液"中。

---

① "梦中孩子"的故事：兰姆在梦境中与自己的初恋情人爱丽丝·温顿结婚了，并且有了两个孩子。在一个温馨的夜晚，兰姆给两个孩子讲起自己祖母、自己去世的哥哥和孩子们已逝去的母亲的故事，充满了对逝去亲人的眷恋与深情。作品最后才告诉读者，这并不是真实的生活，而是孤独的兰姆的一个梦境。这种反差格外反衬出作者内心的哀伤与遗憾，让人为之泪下。

这一阶段的思考，是关于出生时无脑畸形的儿童是否是人类的讨论。对于存在不同程度心智缺陷的儿童的判定存在着无限的争论空间，而这些缺陷是因为儿童单个功能区的发展障碍所致。在实践中，我们毫不怀疑一些智力落后的孩子同样是人，但我们发现，如果要弄清楚智力落后的程度，就需要有一个对智力落后的情形的分类，这种分类往往让人们把这样一个孩子排除在人类的范畴之外。任何关于儿童发育迟缓的分类或标准界定的讨论，都必然激起巨大的情绪。

（4）胎动。在（3）和（5）之间的过渡期，有证据表明胎儿是"活蹦乱跳的"：这对父母来说很重要，但这不是本系列的一部分，因为它不是一成不变的。它的出现时间是可变的，也可能随着脑组织发育的任何程度的失败而发生。（3）和（5）之间的证据表明，胎儿还活着，这对父母来说很重要，因为这个时期不是绝对保险的。

（5）生存能力。在某个阶段，未到足月还在母亲肚子里的胎儿被认为是有生存能力的，也就是说，早产儿也有生存的希望，但这个存活的机会在很大程度上取决于照料的环境。胎儿在六个月大的时候出生，通过非常细心的医疗和照料护理，在本应足月出生的时间，他们甚至可以达到和其他正常出生的婴儿同样的状态。有很多关于早产儿成长过程的长程研究，这些研究是为了证明：如果胎龄为六个月就出生的孩子可以成长得很健康，那么理论上说，个体达到六个月时其生存能力就已具备。对许多人来说，这似乎是关于"人之初"的讨论的重要阶段。

（6）心理被赋予意义。一个健康的人类个体，其发展包含解剖学和生理学意义上的发育，在发育的某个阶段，心理机能的增加让整个发育过程有了新的变化。大脑作为一个器官，让人类的心理机能有了物质载体，它可以记录经验和积累数据，以及对现象进行分类整理。

从某种意义上说，从这个阶段开始，像"挫折"这样的词语才具有了意义，因为婴儿开始能够记忆之后，他才能够对未来有所预期，会期待有什么东西，但期待并不是每次都能一一实现的。基于这个说明，人们可以在出生过程中查看个体存在的证据，这是一个在任何讨论中都有争议的领域，但精神分析师在临床经验中所获得的数据比任何其他类型的观察者都要多，即：确定个体的心理机能的时间和出生时间并没有确切的对应关系。

解决这个问题的最简单的方法，是把早产儿和过期产儿进行对比。精神分析不得不得出这样的结论：心理学意义上定义的出生时间，就是生理上所说的怀孕足月时刻，也就是说，生理上到足月了，也就是孩子心理上离开子宫的时间到了。基于此，我们甚至可以对正常出生有新的解释，也就是说，从婴儿的角度来看，到了瓜熟蒂落的时候，出生在适当的时刻发生了，心理方面的发展及发育也就是顺其自然的。

以上论述为这一主题的讨论提供了线索，但是这里考虑到种种可能的出生创伤还是太复杂了。如果把早产儿和过期产儿之间进行对比，可以观察到他们之间非常大的心理差异，那么这个问题理解起来就很容易了。简而言之，早产儿会认为保温箱就是一个自然的环境，而对于过期产儿，保温箱就不太适合也不需要了，他们也许含着拇指出生，发育更完全，且已经遭受过挫折。这个主题可以继续讨论，但主要结论是：费希尔博士关于"个体是从出生开始"的观点需要更多的阐述。

（7）出生。这是费希尔博士在信中选择的时刻，或许它更多的是母亲或父母的变化，而不是婴儿的变化。从生理上讲，众所周知，出生带来的变化是巨大的，但不必将像个体开始这样重大的事情与出生过程完全地联系在一起。在这种讨论中，必须摒弃这种观念。这里需要着重指出的是在分娩过程之类的事情之外，父母的态度将会发生巨大的变化。即使可能分娩一个死婴，或者生下来一个怪物，但全世界都认可这样的婴儿是一个独立的个体。

（8）我—非我。从这一刻开始，根据生理学的角度来说，"我"这个个体可以独自生存，独自毁灭，不再与其他个体的生命捆绑在一起。这个"我"包括决定未来成长趋势的遗传因素，也可能受身心疾病的影响。比方说，脑炎可能会影响个体人格的正常发展，或许会有些消极影响，但是这不会影响孩子是一个独立个体的事实。

因此，现在的讨论是在心理学范畴之内。心理学分两种。学术心理学是其中一种，它关注的是身体现象，同时涉及的还有情绪、人格的形成，以及个体从绝对依赖到相对依赖再到独立发展的渐进过程。这个过程的完成，在很大程度上取决于所处的环境。因此，如果不包括对被照料环境的描述，就不可能描述一个婴幼儿，而这种照料护理是逐渐与个人分开的。换句话说，这个成熟的过程是由照顾婴儿的人以一种极其复杂的方式促进的成熟过程，朝着孩子对"非我"的否定和对"我"的建立的方向前进。

如果婴儿会说话，总有一天，他会说"我是……"的时候，一个新的阶段就来临了。为了巩固这个阶段，他们有必要坚定地取得进一步的发展。这个阶段会与早期更原始的阶段建立联系，各种状态交替进行，在这个阶段中，一切都被组合或分离，"我"和"非我"的各种要素没有清晰地彼此分开。

在每个孩子的生命中都有一个非常确定的时刻，尽管以一个时间点来定义的话，这个时刻可能是弥散的：当孩子意识到他自己的存在，并拥有某种既定的身份时——不是在观察者的脑海中，而是在孩子的脑海中——这将是一个很好的讨论"人之初"的时机，但在任何宗教实践的讨论中，这个时刻来承认"人之为人"都已经太晚了。

（9）客观性。伴随着这些属于个体成长的变化，作为个体的儿童逐渐具备了这样的能力，即：无论对环境的感知如何丰富，他内在的精神现实仍然是个人化、主观化的。

然而，在儿童的外部有一个可以被称为真实的外部世界。这两个不同的真实世界——"内在现实"与"外在现实"——之间的极端差异，会被父母、家庭和照顾婴幼儿的人的适应所软化，从某种意义上说，这些照料孩子的人会为孩子充当两个世界之间的缓冲地带。但最终孩子会接受现实的原则，并能够在实践中获得极大的好处。

所有这些都是与成长有关的经历，并不一定会发生在每一个孩子身上，因为有些孩子可能生活在一个混乱的环境条件下。

这又是一个新的阶段。当达到这个阶段时，就可以很明确地回答这个问题：孩子是一个独立的个体吗？

（10）道德准则。与这些现象交织在一起的还有个人道德准则的发展，这是教士们非常关心的问题。这里阐述两个极端：一个极端是认为人不能冒险，必须从一开始就给婴儿植入道德准则；另一个极端则认为应该冒着一切风险让个体去体验，在体验中发展个人道德准则。孩子的成长养育介于这两个极端之间，但社会和宗教学者都认为：关于"个体开端"的理论必须考虑到一个时间点：孩子开始感到要对自己的想法和行为负责任的时间点。

（11）玩耍和文化体验。作为回报，人们可能会说，为了将环境影响与个体遗传的成熟过程完美地交织在一起，应该在这两者之间建立一个中间区域，这在个体的生活中被证明是非常重要的。它从只属于小孩子的那种吵吵闹闹的游戏开始，逐步可以发展成无限丰富的文化生活。然而，这些都属于"理应如此"、良性发展的健康路径，不能假定它们就是事实。就单个儿童而言，它们可以说是个人心理现实中极其重要的一部分。

（12）个人化的心理现实。个体会根据自己的经历以及自己存储体验的能力，发展出一种信念或者信任的能力。根据所处环境的文化习俗，儿童将被引导到这样或那样的信仰中，这些"相信"的行为背后就是基于积累的事实和梦想经验的能力。这些内容虽然在对个人的描述中具有至高无上的重要性，但已经太复杂了，不能包括在关于"人何时开始是人"的讨论中。然而，据推测，那些对"人之初"的问题感兴趣的人，也对个体在人类发展中可能达到的目标感兴趣。

（1966年）

6

婴儿期的环境健康

第6章　婴儿期的环境健康

当论及婴儿期的问题时，你们一定对婴儿的照料经验十分感兴趣：哪些措施能促进婴儿的身心成长？哪些事情会让婴儿的发育受阻？在这里，我想谈谈婴儿照料中与身体疾病无关的困难。为了简化我的主题，我必须假设婴儿的身体状况良好。我想，你不会介意我提醒你注意婴儿护理中的非身体方面的问题，因为在你的实践中，你一直在处理这些问题，而且你的关注范围一定也超出了纯生理疾病的领域。

如各位所知，我一开始是一名儿科医生，后来逐渐转变为精神分析师和儿童精神科医生，而我原本是一名从生理学领域入行的医生，这一事实对我的工作产生了很大的影响。

迄今为止，我已经在临床工作中投入地干了45年，积累了相当多的临床数据，也积累了很多经验。从现在看，我过往工作的主要内容就是研究人类个体高度复杂的情感发展。我想在这里和大家聊聊我这45年从业的一些感受。

医生和护士在生理学领域的专业培训，无疑消耗了他们对婴儿作为人类的兴趣。这一点很奇怪。而当我开始从精神分析角度接触婴儿时，我意识到自己没有能力把我与生俱来的对孩子的同理心延展至对婴儿的同理心。我意识到这是一种缺陷。而当我感觉到自己逐渐能够进入婴儿—母亲或婴儿—父母关系时，这对我来说是一个巨大的解脱。我认为很多在生理学领域接受过专业训练的人，会遇到和我同样的障碍，他们必须对自己做大量的工作，才能让自己置身于婴儿的位置上，即俗语说的"站在婴儿的鞋子里"（stand in the baby's shoes）。

我知道这是一个相当有趣的比喻，因为婴儿出生时是不穿鞋的，但我想你会理解我的意思。

作为儿科医生，了解生命最初阶段的相关事项很重要，因为儿科医生必须与父母沟通，当他们与父母交谈时，他们必须能够了解父母的重要作用。孩子生病了，才会来看医生，但父母则是全天候陪伴着这个新生命的人。

如果孩子患了肺炎，请来的医生对疾病的诊断言之凿凿，却对父母的照料是否满足了婴儿的需求、多大程度满足了婴儿需求等等问题视而不见，这种情况对于父母亲和婴儿来说是可怕的。其实，婴儿喂养的绝大多数困难都与感染或牛奶的生化不耐受无关。而与每个母亲在照料婴儿时，是否能适应新生婴儿的需求有关。

这件事最大的难处，在于无章可循，只有母亲自己去实践。因为没有两个婴儿是一样的，也没有两个母亲是相同的，同一个母亲对每个孩子来说也永远不一样。母亲不能从书本、护士或医生那里学到她需要亲自去完成的事情。她可能从自己婴儿时期的体验中获得一些知识，也可能从观察父母与婴儿的互动中学到知识，还可能从参与照顾兄弟姐妹的经历中学到知识，最重要的是，她在很小的时候，在过家家的游戏与玩耍中，学会很多东西。

诚然，有些母亲能够从书本上获得有限的帮助，但必须记住的是，如果一位母亲必须通过看书或向某人寻求建议才能了解自己必须做什么，那我们就要怀疑她是否适合这项工作。她必须从更深的层面了解这件事，而不是从大脑和语言的那部分来了解。因为母亲为婴儿所做的最关键的事情不能通过语言来完成。这是一件非常明显，但也很容易忘记的事情。

在长期的实践经验中，我有机会认识许多医生、护士和老师，他们认为他们可以告诉母亲做什么，还花了很多时间给父母指导。但我观察到他们自己成为父母之后，都忘记了他们之前所传授给别人的知识，实际上是忘了他们自己之前教导别人的一切。

就这些问题，我和他们进行了长时间的探讨，实践中他们才意识到：一开始，他们总被所知道的那些育儿知识所干扰，以至于他们无法很自然地对待自己的第一个孩子。他们需要设法摆脱与文字交织在一起的这层无用的知识，逐渐让自己放松下来，才能真正与婴儿融为一体。

抱持和应对

婴儿护理可以用"抱持"来描述,特别是如果我们允许这个术语的含义随着婴儿的成长和婴儿的世界变得复杂而加以延展的话。最终,这个术语可以有效地涵盖"家庭"这个单元对于个体成长的功能,也可以用来描述护理专业中的个案工作——以一种更复杂的方式。

但在开始之时,的确是躯体在物理意义上的"抱持"动作,提供了与之相对应的心理发展的可能。好的抱持促进个体心理向成熟的方向发展,而糟糕的抱持则意味着反复中断心理的发展过程,造成婴儿适应失败的应激。

在我们的文本中,"促进"意味着有对个体成长中基本需求的积极反馈,这是只有人类能做到的事。对早产儿来说,保育箱就能提供足够的照料,但自然出生的婴儿在分娩时已经成熟,他们需要的就是人类的照顾,虽然母亲们会认为,偶尔能代替自己抱一抱孩子的婴儿床或婴儿车也很有价值。人类母亲在这个早期阶段能适应婴儿的需求,因为她暂时对其他事物都没有兴趣。

大多数婴儿在大部分时间都能被抱持得很好,这是他们的幸运。在这个基础上,这些婴儿就能在一个友好的世界里建立对自己的信心,更重要的是,因为被抱持得足够好,他们能够迅速发展自己的情感能力。他们的性格基础就会奠定得很好。婴儿不会记得自己被抱持得很好的体验，他们记得的都是被抱持得不够好的创伤经历。

母亲们知道这些事情，并认为这一切——照料孩子，保护他平安喜乐——都是理所当然的。当有人（比如做莫罗反射的医生）在她们的眼前折腾孩子时，母亲们会体验到自己身体上的疼痛。

那些缺乏好的抱持、没有被好好对待的婴儿，他们被对待的方式可以用"欺凌"（insult）这个词来形容。很难说宝宝们在出生的最初几周或几个月内没有受到这种对待。我担心这是真的：施加这种欺凌的往往是医生和护士，因为这些医生和护士在对婴儿做一些事情时，并不像母亲那样去关心婴儿。

可以肯定的是，这些欺凌对孩子的影响很大。在我们对年龄较大的儿童和成年人的研究中发现，这些不良体验会增加个体的不安全感，孩子的成长过程原本应该是连续的，而这种欺凌会造成孩子的应激反应，从而破坏了儿童成长的连续性，使孩子的身心发展过程受阻。

客体关联

作为儿科医生,在处理母乳喂养或奶瓶喂养问题时,你会从母乳喂养或奶瓶喂养的生理学角度来思考,你的生物化学知识在这里特别重要。我想提醒大家注意的是:当母亲和婴儿在喂养模式上彼此妥协时,就是人类关系的开始。这为孩子与客体、与世界建立联系的能力提供了样本。

长期的经验使我认识到,与客体的相处模式,在婴儿期就已经形成。生命开始的早期所发生的事情都很重要。仅仅从条件反射或本能反应的角度来看待生命,这实在是太简单化了。虽然本能反应是客观事实,但医生和护士永远不应该落入这样的陷阱:认为本能反应就是整个故事的全部。

婴儿虽然很不成熟,高度依赖,但他也是一个人,是一个拥有经验、可以储存经验的个体。这个观念,对所有参与婴儿早期照料的人都意义重大。如果母亲所依赖的医生和护士能够接受"只有母亲才能做好母乳喂养这项工作"的事实,那么,就会有很高比例的母亲可以实行母乳喂养。虽然刚开始时母亲可能会遇到阻碍,但只要其他各方面都支持她,都帮助她,而不是教导她,她就可以做到。

有一些非常微妙的事情是母亲凭直觉知道的,不需要任何理智上的判断与参与,在这个有限的领域里,只有让一个母亲充分自由并赋予她全部责任，她才能做到这一点。例如，她知道喂养的本质并不是"喂养"的这些动作。

当一名被激怒的护士将母亲的乳头或奶瓶的乳头推入婴儿的嘴里并引发婴儿的本能反应时，我认为这是一种欺凌，或者应该说是一种强奸。没有一个母亲会做这种事。

许多婴儿在觅食之前，需要一段探索时间，当他们找到一个目标时，他们不一定想立即大吃大喝。他们想用手和嘴来玩耍一会儿，或者试试他们的牙龈：具体情况千差万别，根据婴儿和母亲的不同而差异巨大。

这不仅是喂养的开始，也是与客体建立联系的开始。这个新的个体与现实世界的整个关系，必须建立在最初与客体互动的基础上，并逐渐发展形成模式，它们都基于婴儿和母亲在互动过程中的体验，也就是我们说的母婴关系。

这又是一个巨大的课题，甚至与哲学有关。我们必须接受这个悖论：婴儿的创造物早已存在，它是母亲的一部分，而这个部分现在被发现了。

问题是，如果母亲不是处于某种特殊状态，不是以一种神奇的方式做到"在正确的时间和正确的地点出现"，那么母亲的这个部分就不会被婴儿发现。唯有母亲能在正确的时间和正确的地点出现在婴儿的感知区域内，这就是处于特殊状态下的母亲，就是对婴儿需求的恰当回应和满足，我们也称之为对婴儿需求的适应，它使婴儿能够创造性地发现世界。

如果我们不能教导母亲这些方面的事情，我们可以做些什么呢？作为医生和护士，我们所能做的就是避免干预。这真的很简单。我们必须知道我们的专长是什么，我们必须知道母亲在哪些方面确实需要医疗和护理，同时不越界。知道了这一点，我们很容易就让母亲去做她可以单独完成的事情。

在治疗年龄较大的儿童和成年人时，我们发现很多人格障碍方面的问题本来是可以避免的；这些障碍通常是由医生和护士或错误的医学观念造成的。我们不止一次看到，如果医生、护士或一些辅助者没有干预母婴关系中极其微妙的自然过程，一些个体的发育障碍或许不会发生。

当然，随着婴儿年龄的增长，需求也会变得越来越复杂。母亲在全方位满足婴儿需求的失败本身就是对孩子成长的一种适应，婴儿成长到某个阶段，需要学习应对挫折、愤怒，需要学习接受被拒绝，需要带着多元的视角来游戏，这样一来，对世界的接纳能力变得越来越重要和令人兴奋。总而言之，父母都在以一种非常微妙的方式与每个孩子一起成长。

婴儿很快就会变成一个人类特征明显的个体。但实际上，这个婴儿从出生的时候就已经是一个人了。对于这一点，我们都越早认识到越好。

下面请允许我提及婴儿照料的第三个领域：排便训练。

排便训练与婴幼儿心理

起初，婴儿的关注点在于摄入。这包括发现客体，通过视觉和嗅觉来识别它们，随后逐渐建立起客体恒常性。我的意思是，在这个过程中，客体获得了本质上的意义，而不仅仅是作为一种类型，或者作为可以带来满足感的东西。

随着婴儿的成长，脑部组织在渐渐发育、成熟，与之相对应的，婴儿的情绪情感能力也在逐步发展、成熟，他开始用更广泛的视角来观察自己的喂养过程。在最初的几周和几个月里，婴儿已经知道了很多关于摄入的知识，同时，他也一直在排泄着大小便。当婴儿弄明白完成摄入的全部过程后，这个过程中的各个环节对于他来说就只是一些外部的具体动作，不再具有帮助婴儿"成长为一个人"的内在意义。

到了六七个月大时，婴儿显然能够将排泄和摄入联系起来了。在意识层面快速成长的婴儿开始对内部结构产生兴趣，也就是嘴巴和肛门之间的区域。对于心理的发展也是如此，所以无论在头脑还是身体上，婴儿都成了一个容器。

由此开始，就有了两种代谢产物。一种是被认为有害的，我们用"坏"（bad）这个词来形容这一类产物，婴儿需要母亲把它处理掉；

另一种被认为是好的（good），可以作为馈赠品的原材料，在爱的时刻送出。伴随着这些功能性的感受，婴儿在智力和情感上也有了相应的发展。

当父母让婴儿寻找使自己"干净""干燥"的方式，成为"干净"的或"干燥"的婴儿时，医生和护士不应该干预，原因是：每个婴儿都需要时间来确定"好的"和"坏的"东西的区别，以及获得"能正确处理自己需要处理的东西"的信心。

母亲以一种高度敏感的方式知道她的宝宝对这些事情的感受，因为在小婴儿的早期，母亲会对这些东西很熟悉（确切地说，这是母亲暂时拥有的一种能力）。她帮助宝宝摆脱尖叫、大喊大叫、踢蹬和排泄物。当这些"礼物"来临的时候，她已经准备好接受这些爱的礼物了。在看到婴儿潜力和成长需求的前提下，母亲让婴儿刚好处在可以顺利发展的那一刻，然后以婴儿接受的方式满足他。

婴儿和母亲之间的这些交流很微妙，他们之间已经为适当的给予和建设性的努力而制订了一套模式，严格的排便训练会破坏婴儿和母亲之间这些微妙的交流，并扭曲母婴之间的这套模式。

比严格的排便训练的干扰更大、更糟糕的，是使用通便栓和灌肠剂对婴儿的排泄进行强行干预。实际上，这些药物从来都不需要，也永远都不应该被鼓励使用。这些药物也不会帮助那些照顾婴儿的人，让他们尊重婴儿的自然功能。

当然，有些母亲和充当母亲角色的监护人不认同让自然功能支配一切，但这类母亲只是例外；无论如何，我们都不能把自己的立场建立在那些违背自然的、病态的和非母性的基础上。

当前我还无法一一证明这些事情，因为这需要大量的时间。但如果你能相信我，那么我邀请你接受：比起精神障碍的治疗（这一直是我的工作），更重要的是预防；预防可以随时随地开始，预防不是教母亲如何成为母亲，而是让医护人员明白，他们不能干预建立在婴儿和母亲之间的人际关系中存在的微妙机制。

7

精神分析对助产术的贡献

应该记住的是,对于助产士来说,助产术之所以让患者信赖,是因为它以生理学做基础,是有科学基础的专业技能。如果助产士没有生理学的基础而去徒劳地学习心理学,她肯定无法用心理学的洞察力来代替实际操作,化解诸如前置胎盘的处理风险。然而,毫无疑问,在已经具备必要的知识和技能后,一名助产士也可以通过从人性角度了解她的患者来增加自己的职业价值。

助产术中的精神分析

精神分析是如何进入助产术这个领域的呢？首先，是通过对个体漫长而艰苦的治疗过程中的细节研究。精神分析揭示了很多身体异常状态的原因，比如月经过多、反复流产、晨吐、原发性宫缩乏力等，很多时候，它们是患者潜意识里的情绪冲突所致。关于这些心身障碍的报道，我们知道很多。然而，我关注的是精神分析的另一个贡献：在这里，我将试着说明精神分析理论在分娩过程中对医生、护士和病人之间关系的影响。

精神分析已经使人们对于助产士的观念发生了很大的变化，与二十年前相比，现今的助产士们更能体谅产妇的感受。现在助产士的工作中，除了完成对产妇最基本的身体检查之外，还会增加一些对产妇作为一个"人"的评估——这个"人"也是经由分娩而出生，也曾经是一个婴儿，也曾经在父母面前淘气，也曾经历青春期的冲动与惶恐，已经冒险结了婚（或是可能正准备鼓起勇气结婚），现在，她或许是有意的，或者是偶然的，怀上了孩子。

在住院的孕妇都很关心她将要回去的那个家，无论如何，婴儿的出生会给她的个人生活、她与丈夫的关系以及她和丈夫各自的父母关系带来变化。或许，在家里她还有其他的孩子，现在她与其他孩子的关系，以及孩子们彼此之间的感情，很可能都会出现复杂的变化。

如果我们在工作中能保持人性化，看到工作对象身上作为"人"的特质，那么工作就会变得更有趣、更有价值。在分娩的情境里，有四个人以及他们各自的观点需要我们考虑到。

首先是母亲，她处于一种非常特殊的状态，就像是生病了，但其实这是件正常的事情。第二个人，那位父亲，在某种程度上也处于类似的状态，如果他被忽略，或被排除在外，结果是非常糟糕的，会造成某种缺失或匮乏。第三个人是婴儿。婴儿出生时已经是人了，从婴儿的角度看，好的照料和不好的照料是完全不同的。最后是助产士。她不仅是一名技术人员，她也是人；她有感情，有情绪，有兴奋，也有失望；也许她想成为母亲，或者婴儿，或者父亲，或者所有这些角色。通常，助产士会因为婴儿的降生而自豪和高兴，但有时她也会感到挫败和沮丧。

尊重自然规律

我的大致观点是:所有正在发生的事情,都有其自然规律;只有当我们尊重和促进这些自然过程时,我们才能做好医生和护士的工作。

在助产士出现之前,母亲们已经生了几千年的孩子,很可能助产士最初是来对付迷信的。现代对抗迷信的对策就是采取科学的方法,科学是建立在客观观察的基础上的。现代培训以科学为基础,使助产士能够抵御迷信的做法。

那么父亲呢?在医生和福利机构接管孕妇之前,父亲有一个明确的任务:他们不仅要感受到自己女人的感受,经历女人的痛苦,他们还要能抵御外部所有不可预测的风险,使母亲能够全神贯注地照顾她身体里或怀里的孩子。

对婴儿的完整认知

今天，我们对婴儿的态度比之前有所转变。我认为，从古至今，父母都会认为婴儿就是一个人，在父母眼中，婴儿是完整的，而不是一个发育不全的小男人或者小女人。科学界最初是否认这一点的，他们认为婴儿不仅不是和成年人一样的"人"，在婴儿开始说话之前，所谓绝对客观的观察者还认为婴儿几乎不算"人"。

然而，虽然婴儿期自有其特性，但依旧可以发现婴儿具有人类的诸多共性特征。精神分析逐渐表明，婴儿不但能记得自己出生的过程，而且婴儿对正常或异常的出生有从自己视角的看法。有可能每一个出生的细节（作为婴儿的感受）都记录在婴儿的脑海中，并且，在人们平常喜欢参加的游戏中展现出来，以一种象征化的方式通过游戏重现婴儿出生过程中的各种经历——比如翻转、掉落、感觉增加——被象征性地表现为：渴望从沐浴在液体（羊水）中转移到干燥的土地上，从恒温环境（子宫）被迫推入一个温度变化的环境，从供应丰富（脐带供给）到需要依赖个人努力而获得空气和食物。

健康的母亲

现在的助产士们在工作中遇到的困难之一,就是如何根据诊断结果来对待即将成为母亲的产妇。这里我说的诊断,不是指身体状况的诊断,基于生理指标的诊断必须由护士和医生来完成,我也不是指身体异常的情况;我关心的是精神病学上的健康和不健康。让我们从这个问题的一般情况下开始讨论吧。

一般情况下,产科的患者不能称为患者,而是一个完全健康和成熟的人,也许比照顾她的助产士更成熟。她们有能力在重大问题上自己做决定。但因为她怀孕了,即将分娩或刚刚结束分娩,她就处于一种依赖状态。她需要暂时把自己交给医生和护士,被她们照顾、护理,而能够做到这一点本身就意味着健康和成熟。

在这种情况下,如果整个分娩过程都是正常的,护士就应该尽可能地尊重母亲的独立性,并且在整个过程中都保持这种尊重。同时,护士也会受到产妇完全的依赖,而产妇也只有通过将所有控制权交给医生和护士,接受他们的照料,才能顺利完成分娩。

母亲、医生和护士的关系

我认为，一般来说，正是因为健康的母亲是成熟的成年人，所以她才不把控制权交给她不认识的护士和医生。她首先需要了解他们，这些医护人员，这是分娩前一段时间里很重要的事情。如果她信任他们，那么即使他们犯了错误，她也会原谅他们；如果她不信任他们，那么她的整个分娩过程都会存在缺陷和风险：她会害怕将自己托付给他们，并试图自己控制局面，实际上，她也会对自己将面临的状况心存恐惧；结果就是：不管出了什么问题，她都会责怪他们，无论这是不是他们的错。如果医护人员不让母亲了解他们，那事情也许就会如上述的第二种情况发展。

所以在分娩这件事情上，我会首先考虑母亲、医生和护士之间的相互了解与相互信任，在条件允许的情况下，他们最好在整个怀孕期间保持联系。如果做不到这一点，那么至少在预产期之前，母亲必须与参加分娩的人有足够明确的交流。

如果一家医院不能让一名妇女提前知道分娩时谁是她的医生和护士，那么这家医院就没有任何可取之处，即使它是该国最现代化、设备最好、最高端的诊所。往往是类似的这种情况让母亲们决定在家里生孩子，由自己熟悉的家庭医生负责，只有在严重的紧急情况下才由医院提供服务。

我个人认为，如果母亲们希望在家分娩，她们的想法应该得到充分的支持。但是要考虑到一种情况：如果开始是准备在家分娩以期获得理想的身体护理，但到临近分娩时却发现在家分娩不可行，这时候事情就会变得很棘手。

应该由母亲信任的人向母亲充分解释分娩的过程，这对消除母亲脑海中那些可怕的错误信息大有帮助。健康的母亲需要这些信息。和她们解释就用客观的科学事实。

当然，即使是与丈夫感情良好、家庭关系和谐的健康产妇到了分娩的时刻，也必然需要现代医护技能的帮助，她需要有人看护，在出现问题时，护士能在正确的时刻，以正确的方式给予她帮助。尽管如此，这位产妇仍处于自然力量的控制之下，处于一个如同摄入、消化和排泄一样自动的过程之中，越是顺应自然规律去处理，对产妇和婴儿就越好。

我的一个患者已经有了两个孩子，她现在正在经历一个非常困难的治疗，为了使自己摆脱她那难相处的母亲对其早期发展的影响，她不得不在这个治疗中重新成长一遍——让人由此联想到："……即使考虑到一个健康的母亲在情感上已经相当成熟，但是分娩的整个过程打破了如此多的设定，以至于这个人（产妇）会回到孩提状态，想要从照顾自己的人那里获得所有的关心、体贴与亲近，就像一个孩子需要母亲来帮助他度过成长过程中遇到的每一个新的重大事件一样。"

然而，自然分娩的过程中，有一个客观事实不能忽略，那就是：人类婴儿的头大得离谱。

不健康的母亲

与接受助产士照顾的健康成熟女性相比,有一类女性是处于病态的——情感上不成熟,或者无法完成大自然所赋予的女性角色的定位与扮演,或者可能是抑郁的、焦虑的、多疑的,或者是整个一团糟。在这种情况下,护士必须能够做出诊断,这也是为什么护士需要在患者进入妊娠晚期、特别不舒服的状态之前去了解患者的另一个原因。

所以,护士需要接受相关培训,具备对患有精神疾病的成年人的诊断能力,这样,她才能把健康的母亲当作健康的人对待,而为不健康或不成熟的母亲提供特殊的帮助。对于她的患者,这是更负责任的方法。正常的、身心健全的产妇需要指导,而患病的产妇则需要安慰;病态的孕妇可能会成为一个滋扰者,测试护士的容忍度,如果她变得疯狂失控,可能还需要对她采取约束措施。

在父母都健康的情况下,事情比较好处理,助产士只需提供雇主需要的帮助,大家都会比较满意。但如果母亲处于生病或者不健康的状态时,助产士就需要兼职护士,与医生一起管理患者。这时,她的雇主是机构:医院服务机构。但是,如果这种对疾病与非常态患者的护理方式侵蚀甚至代替了正常的自然孕产过程,那也是可怕的。

当然,非常健康和非常不健康的总是少数,很多孕产妇女都处在这两个极端之间。我想强调的是,即使许多母亲出现了歇斯底里或小题大做或自我毁灭的现象,助产士在给予她们情绪帮助的同时,也应该给予她们与健康母亲一样的应有的尊重,而不是简单地认为产妇是不健康的或情感不成熟的,也不应因此将所有症状归类为孩子气,将患者视为"孩子"的状态。

事实上,除了那些必须由护士来完成的工作,大多数母亲都有能力独自完成自己的天赋职能。

最理想的状态就是顺其自然的健康状态。健康的母亲、妻子或助产士可以在保证效率的前提下增加体验的丰富度,在"不出乱子即为成功"的惯例下增加积极性。

对母亲和孩子的护理

现在让我们来考虑一下一个母亲分娩后与新生儿的关系管理。当我们给母亲们一个畅所欲言并回忆往事的机会时，我们经常会遇到这样的评论；这里我引述一位同事的个案描述，我自己也屡次听到这样的说法：

> 这个个案的来访者是正常出生的，他的父母都欢迎他的到来。虽然在母亲分娩后，他的吮吸反射表现得很好，但实际情况是他在出生36个小时后才得到母乳。之后他就开始嗜睡，喂养困难，在接下来的两个星期里，他的进食情况非常糟糕。
>
> 母亲觉得护士们没有同情心，没有让她将孩子留在身边足够长的时间。她说，护士们强迫他把嘴放在乳房上，抓住他的下巴让他吮吸，还捏住他的鼻子让他离开乳房。
>
> 当母亲把他带回家后，她觉得自己毫不费力就建立了正常的母乳喂养。

我不知道护士是否知道母亲的这种抱怨。也许她们从来没有机会听到母亲们的话，当然，母亲们也不太可能向护士抱怨，因为她们肯定受到护士很多照顾，要领护士们的情。此外，我也不能确保母亲们对我说的话都是真实的。但我们不应该受缚于"这件事是否完全真实",而是可以从工作场景中去想象一下,接受它确实存在的可能性。因为作为生命的个体体验就是由这些构成的:我们的经历,经历带给我们的感受,以及我们的想象,它们交织在一起,就是生活的全部。

产后的敏感状态

在精神分析的实际工作中,我们确实发现,刚刚生了孩子的母亲处于非常敏感的状态,在分娩后的一到两周内,她总觉得身边有一个想迫害自己的女人存在。我认为,我们必须考虑到护士有与之相应的倾向,因为在这个时候,护士很容易就滑到了主导人物的位置。当然,这两个角色经常会相遇:一位觉得受到迫害的母亲和一位基于恐惧而不是爱的驱使来上班的护士。

这种难题通常通过母亲解雇护士来解决,因此很多家庭的护士岗很可能每个月都会换人。但这种解决方案对所有相关的人来说都是一个痛苦的过程。还有比这更糟糕的,就是护士通过另一种方式取得了胜利。当出现后一种情况时,母亲就陷入了无望的顺从之中,母亲和婴儿之间的关系就无法自然建立。

我找不到语言来表达在这个关键时刻是什么强大的力量在起作用,但我可以试着解释一下当下正在发生的事情。

这件神奇的事情正在发生:那位母亲已经筋疲力尽,可能都小便失禁了,在许多方面都需要依赖护士和医生的专业护理,但同时,这位母亲也是唯一一个能够以一种婴儿能够理解的方式向婴儿介绍这个世界的人。她知道如何做到这一点,不是通过任何训练,也不是通过智力优势,而仅仅是因为她是婴儿的母亲。

但是,如果这位母亲满心恐惧,她的本能就不会起作用,或者如果她在孩子出生时看不到孩子，婴儿只在被认为适合喂养的特定时间才带来给她，那么，神奇的事情就不会发生。母亲的乳汁不是像排泄物那样自然流淌的；乳汁是母亲的身体对刺激的反应，这些刺激包括对婴儿的所有感知：视觉的、嗅觉的和感受上的，以及婴儿的哭声——它代表婴儿的需求。所有这一切都是一回事，就是母亲对婴儿的照顾和定期喂养，是母亲和婴儿之间的交流方式，宛如一首没有歌词的歌曲。

母亲的两种相反属性

在这里，母亲们一方面是一个高度依赖的人，同时，她又是全身心投入母乳喂养这个微妙过程的专家。每个照料婴儿的细节她都郑重其事。一些护士很难考虑到母亲同时具有这两种相反的属性，她们试图建立的喂养关系就像在直肠满负荷（直肠满胀）的情况下会导致排便一样。这是在尝试不可能的事情。她们的这种方式制造了很多进食抑制，导致婴儿进食障碍；即使最终奶瓶喂养的方式建立起来了，这仍然是发生在婴儿身上的一个独立的错误，没有与婴儿护理的整个过程适当地结合起来。在我的工作中，我一直在努力改变这种错误，在某些情况下，这种错误实际上是在最初几天和几周内由一名护士引起的，尽管她是护理工作的专家，但她的工作范畴并不包括帮助婴儿与母亲的乳房之间建立联系。

此外，正如我所说，助产士也是有感情的人，她可能很难站在那儿看着婴儿在乳房上浪费时间而自己什么都不做。她想把乳房塞进婴儿的嘴里，或者把婴儿的嘴推向乳房，婴儿的反应却是退缩。

还有一点：这几乎是普遍存在的，母亲多少会有一点这样的感觉：她的小婴儿是从自己的母亲那里偷来的。这源于她童年时期与父母亲玩耍的游戏，或者源于小时候做过的梦，在那些情境中，父亲是她心中完美的偶像。所以她可能很容易感觉到，而且在某些情况下她一定会感觉到：护士是来带走婴儿的、复仇的"母亲"。

　　护士不需要对此做任何事情，她只需要避免真正带走婴儿，避免只在哺乳时才将婴儿抱给母亲——这会让母亲感到被剥夺了与婴儿自然接触的机会。这不是什么最新发现，而是一直以来的普遍经验。

　　即使护士能避开前面的陷阱，有办法让母亲在几天或几周内顺利地做自己孩子的照料专家，让母亲有机会恢复其现实感，母亲的敏感、想象和游戏仍然存在。有时，护士一定会被认为是一个迫害人物，即使这个护士并不是这样，即使这个护士非常理解和宽容，容忍这是她工作内容的一部分。最后，母亲通常会恢复现实感，看到护士的本来面目：一名尝试去理解产妇（母亲）的护士。但护士也是人，护士的容忍度也有限度。

　　另一因素是母亲。如果这个母亲自己还有些不成熟，或者在她自己的早期体验中存在"被剥夺"的体验，她会发现很难离开护士对她的照料，而让她一个人独自留下来用婴儿需要被呵护的方式去照料婴儿。这种情况下，无论是母亲离开护士，还是护士离开母亲，失去一位好护士的支持都会给下一阶段带来很多现实困难。

　　在我看来，精神分析参与助产士和所有涉及人际关系工作的方式，就是增加个体对彼此的理解和对个人权利的尊重。在医疗和护理领域，社会也需要技术人员，但在涉及人而不是机器的地方，技术人员需要研究人们的生活方式、内在想象和成长经历，以便更好地开展工作。

（1957年）

8

儿童照料中的依赖

发现婴儿的绝对依赖，这件事很有价值。婴儿的依赖真实存在，婴儿和儿童都无法靠自己的力量照料自己，这一点非常明显，以至于"依赖"的简单事实很容易被人忽略。

我们可以说，孩子的成长过程是由绝对依赖到逐步减少依赖再到独立的探索过程。成熟的儿童或者成人具有一种独立性，这种独立性与各式各样的需要适当混合起来，也与爱混合在一起。在因丧失导致的哀伤状态里，这种爱愈加明显。

婴儿的最早期依赖

在出生之前，婴儿的绝对依赖主要被认为是身体或生理方面的。婴儿在子宫内最后几周的生活会影响婴儿的身体发育，也会因为空间而产生安全感或不安全感，这当然很重要，不过由于大脑在早期阶段没有充分发育，这个影响是有限的。此外，在出生前和分娩过程中，母亲的状态、一些偶然因素以及她应对痛苦的能力与心境，都会不同程度地影响婴儿的意识。

因为婴儿在生命之初是高度依赖的生物，他们必然会受到发生的每一件事情的影响，对于环境，他们不像我们（成人）在类似的环境下会有某些特定的理解，但是他们会有自己的经验，这些经验在他们的记忆系统中积累起来，让他们对这个世界要么充满信心，要么缺乏信心，感觉自己像漂浮在大海上的软木塞，是环境的玩物。在成长环境极其糟糕的情况下，婴儿对世界会有一种失控感，觉得世界完全不可预测。

最终让婴儿建立起一种可预测性的源头，是母亲对婴儿需求的良好适应。这是一个非常复杂且难以用语言描述的事情。实际上，只有一个母亲全身心地将自己交给孩子，她才能做好或足够好地适应婴儿的需求。母亲的这种能力，不能通过学习或阅读书籍来完成。它源于大多数母亲在妊娠的最后阶段所处的一种特殊状态，在这种状态下，她们非常自然地专注于一个核心主题：婴儿。她们因此知道婴儿的感受。

母亲状态存在不确定性

有些母亲在照料第一个孩子时，没有进入这种特殊状态，还有些母亲在照料现在这个孩子时没有这种状态，但她们确实在照料以前的孩子时有过这种状态。这些事情是其他人即使想帮忙也无能为力的。没有人可以期望永远成功。通常，当母亲不能带着一个孩子进入这种状态时，还是会有其他人可以提供婴儿所需的东西——也许是孩子的父亲，也可能是祖母或阿姨。但总的来说，如果外界环境让母亲有足够的安全感，这种状态就会出现，然后母亲（可能在拒绝孩子几分钟甚至几小时后）无须了解任何事情就知道该如何适应她的孩子的需要。母亲未必记得自己作为婴儿时的具体经历，但她的体验不会丢失。正是通过这种难以言传的高度敏感的个人理解，母亲能满足新生儿的依赖，能够适应婴儿真正的需要。

在照料婴儿这件事情上，理论知识根本不是必需的，数百万年来，母亲们一直以愉悦和令人满意的方式担负着这项工作。当然，如果能在纯自然的状态中加入一些理论上的补充，那就更好了，特别是在母亲必须捍卫她按照自己的方式做事的权利时（她真的可以做得很好）。当然，母亲也有犯错的权利。愿意帮助母亲的人，包括紧急情况下需要的医生和护士，都不能像母亲那样清楚地知道婴儿的迫切需要是什么，以及如何适应这种需要。因为母亲有怀胎九个月的学习经历。

婴儿的需求具有无限可能

婴儿的需求具有各种可能的形式，不仅仅是周期性的饥饿浪潮。遗憾的是，我无法举出例子，因为除了诗人之外，任何人都难以用语言表达出"婴儿需求"的无限可能性。然而，有几点或许会帮助读者了解：当婴儿处于依赖状态时，他的需求是什么样的。

首先是身体需求。也许婴儿需要被抱起来翻个身，躺在另一边；或者婴儿需要温暖，或者希望不被裹得那么严实，这样，皮肤呼吸渗出的水分就可以散发出来；又或者，皮肤敏感的婴儿需要更柔软的接触物，比如羊毛或羊绒；还可能是身体有疼痛，也许是疝气，这就需要有一段时间把婴儿竖抱着，靠在成人的肩膀上。喂养只是属于婴儿的生理需求之一。

在这份需求清单里，保护婴儿免受严重干扰是理所当然的——没有低空飞行的飞机，婴儿床没有被推翻，阳光没有直接照射在婴儿的眼睛上。

其次，有一种非常微妙的需求，只能通过人类的接触与互动来满足。婴儿有时需要感觉母亲的呼吸节奏，甚至她的心跳；或者需要母亲或父亲的气味，或者需要感受一些活泼和有生机的声音、颜色和活动，这样，婴儿才觉得没有被自己的照料者所抛弃，才能借助外部资源来发展自己，在他还太小、不成熟而无法对生活承担全部责任的时候。

这些需求背后的事实是，婴儿很容易产生我们所能想象出的最严重的焦虑。如果和母亲离开太久（几小时、几分钟），没有和熟悉的人接触、互动，婴儿的体验用我们的语言，只能这样形容：

崩溃　变成碎片
向无尽的深渊永远坠落
黑暗　窒息　濒临死亡
失去与世界恢复联系的一切希望

一个重要的事实是，大多数婴儿在没有经历这些体验的情况下度过了早期依赖阶段，他们的依赖得到了认可，他们的需求基本得到了满足，而且母亲或主要照料者的生活方式适应了婴儿的这些需求。

幸运的是，婴儿只要被用心照顾，这些糟糕的感觉就会变成好的体验，他们会对人和世界充满信心。婴儿得到良好照顾时，崩溃与碎裂就变成放松和安宁；永远的坠落变成了被托举、被承载的喜悦和感动；垂死变成了对活着的美妙觉知；当依赖总是被满足时，对关系的绝望会变成另一种信念：即使是独自一人的时候，自己（婴儿）也会被关注，被照料。

婴儿的依赖被充分满足后

大多数婴儿都得到了足够好的照顾,在他们愿意认识和信任其他人之前,他们由一个固定的人耐心地照顾着,在这里他们感受到爱,学习发展"信任"的能力,然后再用同样的方式去认识和信任其他的人,这使他们自己也变得稳定可靠,适应性强。

在这种早期的依赖需求被充分满足后,婴儿也开始或早或晚地回应母亲和外界对自己的要求。

与这些需求被满足的婴儿不同,也总有一定比例的婴儿在早期阶段没有被充分满足依赖需求,这在不同程度上对个体的身心造成了损害,而且这些损害可能难以修复。

如果这些孩子后来足够幸运,在他们成长为儿童和成人后,婴儿的灾难性记忆会被埋藏,但他们也需要花费大量时间和精力来组织生活,才能避免再次经历这种损伤带来的痛苦。

而最坏的情况是,孩子作为一个人的发展被永久扭曲,从而导致人格变形或性格扭曲。一些孩子的症状看起来像淘气或缺乏管教,有些人认为惩罚或训练可以矫正他们,却不知道这些症状是孩子遭受失败的成长环境后形成的根深蒂固的事实,还有些孩子的症状更严重,他们如此的不安,被诊断出患有精神疾病,必须接受长时间的治疗,而这些异常原本是可以预防和避免的。

这些是非常严重的问题。我们考虑这其中的确定因素是：在大部分情况下，婴儿都不会受到这种痛苦，他们无须花费时间和精力在自己周围建造堡垒以抵御居住在堡垒内的敌人。对于大多数婴儿来说，他们被父母双亲和大家庭所需要、所爱护，这个事实为每个孩子提供了一个可以安全成长的环境，让他们顺应遗传与天赋本能，配合外部能提供的现实资源，成长为独特的自己，同时能够与他人和环境中的其他生物和谐相处，能够认同社会，顺利接纳稳定的社会组织。

所有这些事情发生的源泉，都是因为生命最早期的依赖被承认，被满足。起初，生命个体是绝对依赖的，但他会逐渐走向独立。基于天性，人类毫无怨言地为每个正在成长的婴儿提供无条件的、充分的满足，我们称之为"爱"。

（1970年）

9

"婴－母交流" vs "母－婴交流"

第9章 "婴-母交流"vs"母-婴交流"

在本系列第一讲中，桑德勒（Sandler）博士讲了精神分析的本质。接下来的两讲，分别讲有关父母与孩子、丈夫与妻子之间的无意识交流。今天，我先谈一谈婴儿与母亲之间的交流。

你可能已经注意到，在母婴交流中，我没有加上"无意识"这个词[①]，因为"无意识"这个词只适用于母亲。据我所知，婴儿还没有意识与无意识之分。这其中包含了大量的解剖学和生理学知识，以及人性发展的可能性。身体发展是一种自然趋势，作为心身一体的心理部分也同样如此。个体的生理发展和心理发展均有遗传倾向，而心理发展方面的遗传倾向就包括整合或实现整体性的倾向。所有关于人性发展的理论都有一个共同基础，即连续性，也就是生命线，它可能在婴儿实际出生之前就开始了。连续性是指个人经历中的任何东西都不会丢失，至少对这个人而言是这样，尽管这些经历与体验可能以各种复杂形式存在而不被意识觉察。

遗传倾向若要在个体身上顺利地显现出来，就必须具备适当的环境。用"足够好的妈妈"这样的表述作为对母性功能的根本性认知就很方便。此外，记住（婴儿对环境的）绝对依赖这一概念非常重要，它会迅速转变为相对依赖，并且总是走向独立（但永远不会达到）。独立意味着自主，个体变得有活力，诚如一个人独立的身体一样。

---

① 参见本书附注"每章原始资料"第九条，p.139。

生命一存在，交流就开始

面对人类的发展进程，我们需要承认这样一个事实：婴儿在一开始并没有将"我"与"非我"分开。因此，在早期关系的特定背景下，环境变化与婴儿的遗传驱力行为一样，都是婴儿的一部分。这些驱力导向整合、自主、客体关系，以及一种满意的身心状态[1]。

在被称为"婴儿"的复合体中，变数最大的部分是婴儿的成长经历所积累的生活经验。"我"是出生在一个连沙子都是热的贝都因人（Bedouin）家庭中[2]，还是出生在终年寒冷的西伯利亚的一个政治囚犯家庭中，或者是出生在英格兰潮湿却美丽的西部地区的一个商人家庭中，这区别太大了。"我"可能是正常的出生，也可能是非法出生；可能是独生子，或是五个孩子中的中间一个，或是四个男孩中的第三个：所有这些都很重要，都是"我"的一部分。

正如《重生者瓦尔达》（Valdar the Oft-born）一书中所写的那样，婴儿以各种方式出生，但具有相同的遗传潜力，从一开始就是如

---

[1] 如果说婴儿的遗传倾向是外在因素，有些人可能会觉得惊讶。但这显然是婴儿的外在因素，就像成为一个足够好的母亲的能力一样，或如她在做些什么的时候会因为情绪低落而受阻的倾向一样。
[2] 贝都因人：生活在沙漠里的游牧民族。

此。他会根据所在的时间和空间点来收集经验，甚至是刚出生就开始了：有时，母亲蹲着，婴儿完全靠重力来到世界的中心；或者母亲郑重其事地躺下并将双腿张开，仿佛准备做手术，她得使劲用力推挤婴儿，就像要解大便一样；还有的时候，母亲太累了，导致宫缩乏力，于是生产过程延期到了第二天，这样，母亲依靠一个良好的睡眠获得了休息，但是长时间浸在羊水中的婴儿却不得不在警觉中默默等待。这会产生一个可怕的影响：这样的婴儿出生后，可能一生都存有幽闭恐惧，他们无法忍受事物之间的未知间隔，害怕因为无法逃离而感到恐惧。

这也意味着，可能从每个人的生命开始，就会有某种强有力的信息交流发生，无论其潜在的可能性如何，成为一个"人"的实际经验积累都是极具变数、难以确定的，个体发展在任何时候都可能被阻碍或扭曲，即使这些阻碍或扭曲可能永远没有机会显现，但它依然存在。事实上，最早期的"依赖"是绝对的、无分别的。所有的经历与体验都只能全盘接受，全部保存，无法选择。

你会发现，我正在把你带到一个语言毫无意义的地方。精神分析是建立在对语言化的思维和想法的语言解释的过程之上的。那么，这一切和精神分析之间有什么联系呢？

简而言之，我想说的是，精神分析必须建立在言语表达的基础上，这种方法适用于治疗非精神分裂或非精神病患者，他们的早期经历可以被认为是理应如此、合乎个体成长规律的。通常我们称这些患者为神经症患者，以区别于精神分裂或精神病患者。

神经症患者这个称呼表明，他们来进行分析，不是为了修正早期经验或某一次被遗漏的早期经验。神经症患者已经足够好地度过了生命的早期经验阶段，但他们遭受着个体的内部冲突，他们不得不在自己身上建立防御，以之应对与本能生活有关的焦虑，而主要的防御方式就是压抑。

这些患者被他们"自动化的"去做的事情所困扰，这些自动化的模式使得被压抑的无意识始终被压抑。他们在精神分析治疗中可以获得新的、简化后的经验，通过有意识的尝试使用这些新经验，他们可以从日复一日不断变化转移的过度焦虑中得到解脱。

前语言期的信息交流

相比之下，我们的精神分析研究认为，通过以下两种途径，可以发现个体生命早期经历的主要特征：首先是在任何患者都可能经历的精神分裂阶段，或者在对真正精神分裂症病人的治疗中，可以发现婴儿早期经历的主要特征（当然这不是我此刻要谈的话题）；其次是在对婴儿的真实经验的观察中，这些婴儿经验包括将被生出、如何出生的过程、出生后如何被抱持，以及在最早的数周或数月里得到了怎样的照顾，收到怎样的互动信息。这些都发生在婴儿还无法理解语言的时间里，在这之后很久，言语交流才开始有意义。

我在这里想谈的，是每一个婴儿早期生活经历中的信息交流。

在我的假设里，婴儿起初是绝对的依赖，环境真的很重要。那么，婴儿是如何经历早期发育阶段的复杂过程的呢？可以肯定的是，在一个没有人的环境中，婴儿很难发展成为人，即使最好的机器也不能满足婴儿的需要。必须有人，而且，人本质上只是人——那意味着人是不完美的——不像机械那样精密准确，分毫不差。之后，婴儿如何利用非人类环境，这取决于他们过去对人类环境利用的经验。

当婴儿度过绝对依赖阶段后，我们如何描述他下一阶段的生活呢？

我们可以假定在母亲身上存在一种状态[①]——精神病状态，如孤僻或专注——这是她进入妊娠末期时（在健康状态下）的特征，这种状态可以持续数周或数月。（我之前写过这一点，而且给它取了个名字——"原始母性贯注"（Primary Maternal Preoccupation）[②]。

基于讨论的需要，我们假定，过去和现在的婴儿们都出生在足够好的人类环境中，这些环境可以恰如其分地适应婴儿的需求。

如果能告诉母亲（或替代母亲的照料者），她们这种状态只持续一段时间，之后她们就会从这种状态中恢复过来，这对她们有帮助，她们应该更容易到达这种状态。许多女性害怕这种状态，认为这种状态会让她们变成"植物"，于是她们像珍惜生命一样抓住事业的残骸不放，不敢让自己投入到这种状态里，哪怕暂时投入也不敢。

投入这种状态的母亲能以一种特殊的方式为婴儿着想，我的意思是，她们几乎迷失在对婴儿的认同中，而且在通常情况下，她们总是知道婴儿此时此刻需要什么。当然与此同时，她们仍然是她们自己。在这种状态中，她们能感知到婴儿（也是她们自己）非常脆弱，很容易受伤害，需要被保护。她们也假定：几个月后她们能退出这一特殊状态。

因此，婴儿在绝对依赖阶段通常能在最适宜的环境里度过，但也有一些婴儿并没有这种条件。在这方面没有被足够好地照顾的这些婴儿不能得到充分成长，就算只是个小婴儿，他也没有实现自己的成长潜力。要知道，仅有基因是不够的。

[①] 这里我说母亲时，并不排除父亲，包括关心着孩子、具有母性特质的婴儿照料者。
[②] 见论文集《从儿科学到精神分析》，该书由伦敦塔维斯托克出版有限公司和纽约基础图书出版公司（Basic Books）于1958年出版。

母亲的双重功能

这个话题暂且打住，因为这里有一个阻碍我进行发挥的难题：母亲和婴儿虽然彼此融合，但他们之间也存在根本差异。

首先，母亲自己也曾是个婴儿。作为婴儿的经历存在她内心的某个地方，与她自己的依赖和逐渐实现独立自主的经验相整合。她扮演过婴儿的角色，也扮演过父母的角色；她在生病时曾退行到婴儿的状态，也曾看过母亲如何照顾年幼的弟弟妹妹；她可能接受过婴儿护理方面的指导，可能读过相关书籍，在婴儿管理方面可能形成了自己的看法，或客观或谬误。当然，她也会深受当地习俗和社会文化的影响，她要么服从它们，要么对抗它们，还可能抛开这些，作为一个独立的先行者，在育儿经验上自成一派。

但与母亲的"双重经验"不同，婴儿却从来就不是一个母亲，甚至在出生之前，他都不是一个婴儿。所有关于这个世界的一切，婴儿都是第一次体验。没有参照体系，也没有衡量标准。对婴儿来说，时间不是由时钟或日出和日落来衡量的，而是由母亲的心跳和呼吸频率、本能张力的增减以及其他必需的、非机械的装置来衡量的。

在描述婴儿和母亲之间的交流状态时，有一种基本的二分法——母亲可以退回到婴儿的经验模式，但婴儿不能达到成人的成熟度。这样，母亲可能会和婴儿说话，也可能不会。不过无论是否说话都没关系，因为此时，语言并不重要。

现在，我来讲讲"音调变化"。音调变化是言语的要素之一，它所传达的信息远比最复杂的语言更为精妙。做分析师工作时，患者用语言在描述，而分析师在用语言解释。这不只是一个言语交流的问题，而是分析师捕捉到患者描述中表现出来的某种倾向，需要将这种倾向言语化。一些事情的呈现取决于分析师运用词语的方式，也就是如何解释语言或行为背后的态度。我有位患者，在某个感受强烈的时刻用她的指甲抠我的手，我的反应是："哎哟！"这几乎不涉及我的理性知识，而且它非常有用，因为它是当下立现的本能反应（而不是出现在反思停顿之后），对患者来说，这意味着我的手是有活力、有生命的，也意味着手是一部分的我，同时也意味着我可以被她使用。或者可以说，只要我活下来，我就能够被使用。

尽管对合适主体的精神分析是建立在语言化基础上的，然而每个分析师都知道，除了解释的内容（具体的语言）之外，语言背后的态度也有其重要性，这种态度反映在细微的差别中，反映在把握时机的能力上，反映在千姿百态、不拘一格的方式上，其浩渺无垠，可与千变万化的诗歌相媲美。

比如，作为心理治疗和社会工作基础的沟通，并不是通过语言来交流的，而是通过工作人员的非道德说教的品质来完成交流。有一首歌曲的副歌部分是这样唱的："恰恰不是她说话的内容，而是她说话的方式令人厌恶。"

热爱婴儿的母亲有一种神奇的天赋，早在婴儿理解"邪恶"这样的词的意思之前，母亲就能传达出让婴儿明白的类似信息。她可能用一种友好的方式说："该死的，你这个小混蛋！"这样她感觉很开心，婴儿也会对她微笑，很高兴被"骂"。更妙的是"乖孩子挂在树梢上"这样的歌词，虽然歌词有点粗犷，但却是一首非常甜美的摇篮曲。

母亲心烦的时候，也有可能对还不会讲话的婴儿说："如果我刚把你收拾干净你又弄脏了自己，上帝就会揍你。"或者另一种完全不同的表达："你不能这样做哦，乖！"这里面包含了意愿与个性的直接对峙。

那么，当母亲能适应婴儿的需要时，这里面传达了什么信息呢？现在我要谈一下"抱持"这个概念了。

描述婴儿最早期生活经历的交流情境时，"抱持"这个词非常生动传神。这个词的拓展含义，包括两个角度——母亲抱持婴儿，婴儿被抱持，然后快速进入一系列发展阶段。这些阶段对于婴儿成长为一个"人"是非常重要的。母亲并不需要知道在婴儿的内在世界发生了什么，但婴儿的发展与他所信赖的人的抱持和回应密切相关。必须有抱持，否则，婴儿的发展就不可能发生[①]。

---

① 《亲子关系的理论》（1960年）发表于《成熟过程与促进性环境》中，本书由伦敦霍格思（Hogarth）出版公司和精神分析研究所于1965年出版。

婴儿的"可靠性经验"

我们能够检测出（婴儿的发展）是病理的还是正常的，但由于病理的呈现千差万别，而正常状态的检测相对要简单些，所以我一般选择对后者做出说明。当我们明白婴儿发展的正常状态是怎样的，也就能分辨出非正常的病理状态了。

母亲如果有能力满足一个婴儿不断变化和发展的需要，这个婴儿就能拥有一条相对完整且相对连续的生命线，保证非整合的断裂状态不会太多。并且，因为婴儿对抱持的信赖，即使体验到非整合状态，婴儿也能保持放松，并因此反复体验到从非整合到整合阶段的过程，这是婴儿遗传性生长趋势的一部分。

婴儿能够很轻松地在整合状态和非整合状态之间切换，这些经验就会积累成为一种模式，为婴儿的成长意愿奠定基础。在这个过程中，婴儿开始建立一种信心：将内在整合成一个整体[1]，这件事情是可靠的，是确定会发生的。

随着自身的成长，婴儿获得了内在和外在的感知，环境的可靠性渐渐变成了婴儿的一种信念，这是一种外界的"可靠性经验"在婴儿的内在世界的投射。这个"可靠性经验"是基于人类带着情感的互

---

[1] 《原始情绪发展》（1945年）收录于论文集《从儿科学到精神分析》，该书由伦敦塔维斯托克出版有限公司，纽约基础图书出版公司于1958年出版。

动，而不是机械的一成不变的精密反应。

因此，毫无疑问，即使在婴儿会说话之前，母亲与婴儿之间也有交流。母亲用自己的举手投足、一言一行对孩子说："我很可靠——不是一台机器的可靠，而是因为我知道你的需求是什么。我关心你，我想提供给你在你的成长阶段所需要的，我把它称为爱。"

但所有这些交流都是无声的，婴儿听不到，也无法记录，我们只能从接下来婴儿的发展状态观察到"可靠性"产生的影响，从而了解这些交流是否被婴儿记取。

如果"可靠性"失败了，婴儿就不能明白交流是怎么回事，这正是机械的精密准确与人类之爱的区别。人类也会一次次失败，但母亲总是在日常照料中修复着她的失败。这些"失败"与"立即补救"叠加在一起，最终形成一种信息交流，使婴儿体会到沟通成功。因此，成功的适应给人一种安全的感觉，一种被爱的感觉。

作为分析师，我们非常清楚这些，因为我们也总是失败，甚至因此生起气来，但还是坚持着心存期待，只要挺过去，也就习惯了。正是因为无数次失败之后的坚持，无数次的修复，才建立起了爱的关系，才有了爱的交流，让我们感受到有人在呵护着我们。

如果在一定的时间（婴儿还存有期待的时间）里——数秒、数分、数小时内——失败没有得到修复，我们就用剥夺（deprivation）这个词来描述。"被剥夺"对一个孩子来说，意味着这样的状态：他有过失败被修复的体验，但也体验到还有未被修复的失败。这些没有被修复的失败就潜伏在孩子的生命里，孩子会在一生中不断创造一些生活情境来激发这个失败，让它一再重现，以期让失败重新得到修复，从而创造新的生命模式。

我们要明白，日常生活中成千上万的挫折是不能和生命早期的适应失败相提并论的——生命早期的适应失败并不会导致愤怒，因为婴儿的意识还没有被组织起来可以对某事感到愤怒。愤怒意味着把已经破碎的理想记在心中，而严重的抱持失败会给婴儿造成难以想象的（unthinkable）焦虑，主要包括：

（1）崩溃，破碎；

（2）无止境的坠落；

（3）因为没有任何交流方式而被完全孤立；

（4）身心分离。

这些都是婴儿期照料匮乏，对婴儿需求满足得不够（privation）的后果，因环境对生命早期需求适应失败而导致的创伤，基本上无法补救。

（在这里，我没有讨论意识层面使用智力的交流，哪怕是使用婴儿的基本智力；仅仅提到心身关系中心理的那一半，不过我觉得也可以了。）

对婴儿良好的需求适应，是母婴间的信息交流方式，但严重的适应失败，根本都称不上是一种交流。我们完全不用告诉婴儿事情可能会变得非常糟糕，结果就摆在那里：如果出了问题，又没有很快修复，那么婴儿就会在发育方面受到永久性的影响，交流就无法进行。

母婴交流的具体方式

为了提请人们注意交流的基础形式——早期的非语言化沟通，我已经讲得够多了。下面我想给出一些指导意见：

（1）母亲和婴儿之间交流的活跃度是以一些特殊方式维持的。比如母亲的呼吸以及她呼吸的温度，她的气味也变化无穷，还有母亲心跳的声音，也是一种婴儿熟悉的声音，在婴儿出生前且还未了解任何东西时就耳熟能详。

摇摆和晃动也是这种基本交流的一个例证，母亲会根据婴儿的动作来调整她的动作。摇摆、晃动可以防止身体与心理间的联系免遭破坏或丧失，保持身心关系的协调一致。难道婴儿摇摆、晃动的节奏不会有变化吗？母亲可以很自然地发觉婴儿摇摆的节奏过快或过慢，并加以适应。就这组现象来谈相互关系时，我们可以说：交流的根本在于身体的体验。

（2）玩耍。这里的意思不是玩笑、游戏或笑话，而是母亲和婴儿之间的相互作用构建的一个彼此的共有区域，我们可以称之为小汤姆王国[1]（Tom Tiddler's Ground）。它是每个婴儿（包括成长之后）的秘密花园，会变成过渡性客体的潜在空间[2]，是婴儿和母亲之间信任和结

---

[1] 源自狄更斯的小说《汤姆的午夜花园》。
[2] 《过渡性客体和过渡性现象》（1951年）收录于论文集《从儿科学到精神分析》，该书由伦敦塔维斯托克出版有限公司和纽约基础图书出版公司于1958年出版。

合的象征，一种不会相互渗透的结合。所以，别忘了玩耍，这是亲情和体验的发源地。

（3）接下来，我要说的是婴儿如何使用母亲的脸。婴儿大概会把母亲的脸想象成玻璃镜子的原型。从母亲的脸上，婴儿可以看到他自己。如果母亲情绪低落或全神贯注于其他事情，那么，理所当然，婴儿看到的仅仅只是一张空洞的"脸"的模型[①]，而不是可以与自己互动的活生生的情感载体。

（4）从这些无声的交流中，我们可以看到母亲是如何把婴儿正在思忖的念头变成现实的，这样，她就会让婴儿知道，婴儿自己刚刚在寻找什么。婴儿可能会想（当然是非语言化的）："我感觉好像需要……"就在这时，母亲会走过来，将婴儿翻个身；或者母亲拿着喂食的东西过来，这时婴儿才能够完成整个句子"……翻身、乳房、奶嘴、牛奶等。"我们必须说：是婴儿创造了乳房，但是母亲如果没有在那一刻将乳房带来，这个过程就不可能完成。

对婴儿来说，这个交流过程就是"创造性地来到世界上，然后创造这个世界；只有你自己创造的东西才对自己有意义"。这种体验延展下来，就是"世界在你的掌控之中"。

当然，另一方面，从这种最初的全能感（experience of omnipotence）开始，婴儿会逐渐开始经历挫折，甚至有一天会从这种"无所不能"走到另一个极端，觉得自己仅仅只是宇宙中的一粒微尘，而这个宇宙是在婴儿被一对相爱的夫妻孕育之前就存在的。这不就是从"成为上帝"到获得谦卑这一适合人类特质的过程吗？

最后，可能有人会问，我们讨论婴儿与母亲的目的是什么呢？我

[①] 《儿童发展中母亲与家庭的镜映作用》（1967年）发表在《游戏与现实》里，本书由伦敦塔维斯托克出版有限公司于1971年出版。

第9章 "婴-母交流"vs"母-婴交流"

想说的是，我们没有必要告诉母亲要做什么，或者应该是什么样子。我们也无法将她们变成某个样子，除非她们本身就是那样。我们当然可以避免干扰，但我们内心可能有一个目的。如果我们能从母亲和婴儿这里学习，我们就能开始知道，在治疗中，精神分裂患者在他们特殊的移情过程中需要我们做些什么。同样，从精神分裂症患者那里，我们也可以学会如何理解母亲和婴儿，并更清楚地看到他们之间存在什么样的关联。但从本质上讲，我们主要还是从母亲和婴儿那里了解精神病患者或处于精神病阶段的患者的需求。

正是在婴儿和母亲交流的早期阶段，母亲为婴儿未来的心理健康奠定了基础，在治疗精神疾患时，我们必须理解患者早期促进（facilitation）成长失败的细节。我们面对着曾经的失败，但是——请记住！——成功的环境条件使个人成长成为可能。

因为当母亲做得足够好的时候，她所做的就是促进婴儿自己的发育，使婴儿在遗传基因的基础上发挥其生命潜能。而在成功的精神分析治疗中，我们所做的一切就是解除个体发展中的阻滞，释放患者的发展能力以及天赋。我们用一种特殊的方式改变了病人的过去，使一个曾经成长环境不那么好的患者能够转变成一个有好的促进性环境的个体，尽管有些迟了，但起码个体的成长能够得以进行。

当促进性环境出现、个体成长发生时，精神分析师也得到了回报，这可不仅仅是感激，而更像父母在孩子获得了独立时的那种感受。在足够好的抱持和足够恰当的回应的前提下，这个新的个体逐渐实现他的一些潜在能力。我们用某种方式无声地传递着安全感与可靠性，使得患者得以成长，这种成长本来应该发生在被人照顾的生命极早期。

创造性沟通与顺从性沟通

关于婴儿与母亲的交流,是否还能说点有用的东西,这一问题我仍在思考。我仍然想说说早期阶段。

当人们面对着婴儿的无助(无助被假定为婴儿的特质)时,一定会有些事情发生。我们无法想象把婴儿丢在家门口的情景。面对婴儿的无助,你所做出的反应会改变你的人生,还可能会破坏你已经制订好的人生计划。这相当明显,但在"依赖"这一点上,我想再次声明:虽然婴儿在某种意义上是无助的,但在另一种意义上,婴儿又具有巨大的生存和发展潜力,以及实现潜力的潜力。我们几乎可以说,那些负责照顾婴儿的人在面对婴儿的无助时,就如同婴儿一样的无助。也许在他们之间,会有一场关于"无助"的战争:到底谁更无助。

在进一步论述婴儿与母亲的沟通交流时,我建议可以从创造性和顺从性两个方面来总结这一点。必须说,从健康的角度看,婴儿的创造性沟通优先于顺从性沟通。在创造性地看世界和接触世界的基础上,婴儿能够顺从而不觉得丢脸;但当这种模式反过来,顺从性占主导地位时,我们就会认为它不健康,这对个体未来的发展是不良的基础。

于是,最后我们得出这样的事实,即婴儿总是创造性地交流,并且能够很快利用他们所发现的东西。

对大多数人来说,最好的赞赏就是被看见和被使用,于是我假设下面这些词可以代表婴儿与母亲的交流:

我找到你了;
我对你做什么你都能活下来,所以你不是我;
我利用你;
我忘了你;
但是你还记得我;
我依然忘记你;
我失去你了;
我很难过。

(1968年)

每章原始资料

1. "平凡而尽职的母亲"：1966年2月16日在英国护理学校协会伦敦分会的谈话。未发表。

2. "知与学"：1950年在BBC的一个面向母亲们的谈话节目，首次发表于《儿童与家庭》（*The Child and the Family*. London：Tavistock Publications Ltd.，1957）。

3. "母乳喂养中的交流"：1968年11月伦敦国家儿童出生信托基金举办的一个"母乳喂养"的主题会议，温尼科特并未出席，但宣读了他的这篇文章。其中部分内容1969年9月发表于《母性与儿童照料》（*Maternal and Child Care*）。

4. "新生儿和他的母亲"：1964年罗马一个主题为"心理、神经和新生儿心理问题"的专题讨论会上的演讲。以《新生儿和他的母亲》的名字首次发表于1964年《拉丁儿科学报》（*Acta Peadiatrica Latina*）第17卷。

5."人之初"：1966年给《伦敦时报》的费希尔博士来信的回复，费希尔博士后来成为坎特伯雷大主教。未发表。

6."婴儿期的环境健康"：内容包括两个部分：一部分来自1967年3月在皇家医学会举办的同名专题讨论会的演讲，另一部分来自1968年1月《母性与儿童照料》（*Maternal and Child Care*）上发表的文章。

7."精神分析对助产术的贡献"：1957年助产士督导协会组织的课程中的一个演讲。最早发表于《家庭与个体发展》（*The Family and Individual Development*. London: Tavistock Publications Ltd., 1965）。

8."儿童照料中的依赖"：最早发表于1970年《你的孩子》（*Your Child*）第2卷。

9."婴母交流vs母婴交流"：1968年伦敦"冬日演讲"系列中的一篇，最早发表于《什么是精神分析》（*What Is Psychoanalysis!* London: Bailliere, Tindall & Cassell Ltd., 1968）。

温尼科特在书中做了笔记，因为其他人对主题有少许不同的看法。

为"婴-母交流vs母-婴交流"做的预备笔记，1967年11月20日

对母性本能、共生等术语不满意。

动物研究的有限价值。

精神分析的贡献。

在以前的文章中标注有"无意识"这个词,但这篇文章中没有。

理由:婴儿既不是在意识层面,也不是在潜意识层面。重点在于人类的早期发展阶段可能会变成意识和潜意识。

比较:母亲(或父母)有成年人的所有特征。

母亲曾经也是一个婴儿。

她玩过扮演父母的游戏,有一些传给她的观念。

婴儿从未是一个母亲,没有玩过任何游戏。

想要进一步深入,就必须尝试对人类婴儿发展的早期阶段做一个陈述:

个体成长的连续性。

依赖,早期接近于绝对依赖。

对侵犯的反应,从威胁到破坏的连续性。

侵犯被看成是依赖环境的失败。

根据婴儿渐渐增加的预期范围,环境逐渐被释放。

极端的例子:婴儿通过无助感进行交流,通过依赖进行交流。

根据母亲是否有能力认同婴儿、理解特殊需求的暗示,可以判断是否有交流。

所导致的对孕期及父母期的母亲(或父母)变化的研究。

假定一个特殊的前提条件,这个条件是暂时的、必将消失的,就好像生病了。在这种情形下,母亲自己就是这个婴儿,当她放弃自己(的成熟度)而认同婴儿(的完全依赖)时,她的自恋并不会受伤。

一开始她可能会被吓到,但得知这种情形可能只持续几周或几个月时,她得到了帮助,然后逐渐康复。

没有这种暂时的条件，母亲就不可能把婴儿无穷无尽的细微需求转化成交流中的内容。

通过在需求用动作表达之前就去理解婴儿需要什么，母亲与婴儿进行交流。

从此，动作自然就进入交流的范畴以表达需求，父母可以用适当的回应来配合这种交流。以此为基础，各种形式的交流开始出现：有关需要，或者有关愿望。这时，母亲会重新感到自由，又可以成为她自己，并且去经受挫败。一种状态必须发展出另一种状态。

"我要"的挫败产生了愤怒，甚至对审慎的"我需要"的失败也会导致沮丧，这种交流可以帮助母亲完成必须要做的事情，即使推迟了一会儿。

相对地，在审慎动作之前，对满足需求的失败只会导致新生儿发展过程的扭曲——狂怒产生了。

新生儿发展过程的每一个扭曲都伴随着不可想象的焦虑，这一点被注意到了：

碎片化，未整合

永无止境的坠落

与客体失去所有联系

边缘性患者的个案使我们理解这些，他们常常带来不可想象的焦虑，正是因为在绝对依赖期的交流失败所致。

温尼科特的著作

Clinical Notes on Disorders of Childhood. 1931. London: William Heinemann Ltd.

The Child and the family: First Relationships. 1957. London: Tavistock Publications Ltd.

The Child and the Outside World: Studies in Developing Relationships. 1957. London: Tavistock Publications Ltd.

Collected Papers: Through Paediatrics to Psychoanalysis. 1958. London: Tavistock Publications. New York: Basic Books, Inc., Publishers.

The Child the Family and the Outside World. 1964. London: Penguin Books. Reading, Massachusetts: Addison–Wesley Publishing Co., Inc.

The Maturational Processes and the Facilitating Environment. 1965. London: Hogarth Press and the Institute of Psychoanalysis. New York: International Universities Press.

The Family and Individual Development. 1965. London: Tavistock Publications Ltd.

Playing and Reality. 1971. London: Tavistock Publications Ltd. New

York: Basic Books.

Therapeutic Consultations in Child Psychiatry. 1971. London: Hogarth Press and the Institute of Psychoanalysis. New York: Basic Books, Inc., Publishers.

The Piggle: An Account of the Psycho-Analytical Treatment of a Little Girl. 1978. London: Hogarth Press and the Institute of Psychoanalysis. New York: International Universities Press.

Deprivation and Delinquency. 1984. London: Tavistock Publications.

Holding and Interpretation: Fragment of an Analysis. 1986. London: Hogarth Press and the Institute of Psychoanalysis.

Home Is Where We Start From. 1986. London: Penguin Books. New York: W. W. Norton & Company, Inc.

Babies and Their Mothers. 1987. Reading, Massachusetts: Addison-Wesley Publishing Co., Inc.

Selected Letters of D. W. Winnicott. 1987. Cambridge, Massachusetts: Harvard University Press.

Human Nature. 1987. London: Free Association Books.